中国科技人力资源发展研究报告

——（2022）——

中国科协创新战略研究院中国科技人力资源研究项目组◎编著

科学出版社
北京

内 容 简 介

科技人力资源反映的是一个国家或地区的科技人力储备水平和供给能力。积极开发和高效使用科技人力资源，是促进科技人才合理布局和协同发展、构建国际竞争优势的基础工作，对推动国家科技创新、实现高水平科技自立自强具有不可替代的意义。

本报告系统论述了我国（未包括港澳台地区）科技人力资源的发展情况。全书共八章，主要测算了截至2022年底我国科技人力资源的总量，以及截至2021年底我国科技人力资源的学科（专业大类）、学历、年龄、性别结构和培养区域分布与流动等结构情况。

本报告可供从事科学研究工作的专家学者、政府决策人员、科技管理人员等阅读，也适合对科技人力资源及其相关领域感兴趣的大众读者参阅。

图书在版编目（CIP）数据

中国科技人力资源发展研究报告. 2022 / 中国科协创新战略研究院中国科技人力资源研究项目组编著. -- 北京：科学出版社，2025.1. ISBN 978-7-03-080488-4

I. G316

中国国家版本馆CIP数据核字第2024SK3888号

责任编辑：张　莉　姚培培　/　责任校对：郑金红
责任印制：师艳茹　/　封面设计：有道文化

科学出版社 出版
北京东黄城根北街16号
邮政编码：100717
http://www.sciencep.com
北京中科印刷有限公司印刷
科学出版社发行　各地新华书店经销
*
2025年1月第　一　版　开本：720×1000　1/16
2025年1月第一次印刷　印张：9 3/4
字数：128 700
定价：88.00元
（如有印装质量问题，我社负责调换）

中国科技人力资源发展研究报告（2022）

课题组成员

总 体 组

郑浩峻　吴善超　薛　静

研 究 组

组　　长：石　磊　赵咅加

副 组 长：杜云英

成　　员（以姓氏笔画为序）：

吕　华　李金雨　李秋惠　杨留花　张晓铮
黄　辰　黄园浙　梁春晓　韩　倩　普丽娜
熊嘉慧

前言
| FOREWORD |

《中国科技人力资源发展研究报告》是中国科协科技创新智库研究的重要成果，自 2008 年以来已出版 7 部。《中国科技人力资源发展研究报告（2022）》系统论述了我国[①]科技人力资源总量与结构，对完善和优化科技人力资源政策、促进我国科技人力资源健康与持续发展、夯实建设世界科技强国的人才基础具有重要意义。

本报告由中国科协创新战略研究院中国科技人力资源研究项目组完成。中国教育科学院研究人员参与报告研究工作，郑浩峻、吴善超、薛静给予研究项目悉心指导。全书分为八章，第一章介绍了科技人力资源的测算方法，由杜云英执笔，赵峇加修订；第二章至第五章分别介绍了我国科技人力资源的总量，以及学科、学历、年龄与性别结构等情况，由吕华、杜云英执笔，熊嘉慧、普丽娜修订；第六章介绍了我国科技人力资源培养的区域分布与流动情况，由李秋惠执笔，梁春晓修订；第七章专题介绍了我国工学专业科技人力资源情况，由韩倩执笔；第八章是全书内容的总结与展望，由赵峇加执笔。石磊、黄园淅、黄辰、张晓铮、杨留花、李金雨参与了书稿撰写过程中的研究讨论和学术服务。

本报告得到了中国科学技术协会（以下简称中国科协）的大力支持，一批长期关心科技人力资源研究的专家多次参与研讨并给予了宝

---

① 由于数据获取原因，除特殊说明外，本报告中我国相关数据不包括港澳台地区数据。

贵意见建议。在此，对所有参与这项工作并辛勤付出的各位领导、专家表示衷心的感谢！

  囿于研究团队的视野与能力，本报告中的疏漏之处在所难免。诚挚希望关心科技人力资源发展的社会各界人士提出批评和建议，为研究工作不断深化，为科技人力资源的持续开发和高效利用共同献策。

中国科协创新战略研究院中国科技人力资源研究项目组

2024 年 7 月

目 录
|CONTENTS|

前言 /i

第一章
我国科技人力资源的测算方法 ·· 1
  第一节　科技人力资源总量的测算方法 ·································· 2
  第二节　学科（专业大类）和学历结构的测算方法 ·················· 8
  第三节　年龄与性别结构的测算方法 ·································· 12
  第四节　区域科技人力资源估算方法 ·································· 16
  第五节　小结 ·· 17

第二章
我国科技人力资源的总量 ·· 19
  第一节　2021～2022年新增科技人力资源数量 ······················ 20
  第二节　截至2022年底我国科技人力资源总量 ······················ 22
  第三节　小结 ·· 30

第三章
我国科技人力资源的学科结构 ·· 33
  第一节　2020～2021年新增科技人力资源的学科结构 ············ 34

第二节 截至2021年底科技人力资源的学科结构 ……………………… 41
第三节 科技人力资源学科结构的国际比较 ……………………… 46
第四节 小结 ……………………… 56

第四章
我国科技人力资源的学历结构 ……………………… 59

第一节 2020~2021年新增科技人力资源的学历结构 ……………… 60
第二节 截至2021年底科技人力资源的学历结构 ……………………… 63
第三节 科技人力资源学历结构的变化趋势 ……………………… 64
第四节 小结 ……………………… 67

第五章
我国科技人力资源的年龄与性别结构 ……………………… 69

第一节 截至2021年底科技人力资源的年龄结构 ……………………… 70
第二节 截至2021年底科技人力资源的性别结构 ……………………… 75
第三节 小结 ……………………… 84

第六章
我国科技人力资源培养的区域分布与流动 ……………………… 87

第一节 各省份科技人力资源的培养数量和密度 ……………………… 88
第二节 各省份科技人力资源培养的学历结构 ……………………… 94
第三节 我国科技人力资源的区域流动特征 ……………………… 100
第四节 小结 ……………………… 106

第七章
我国工学科技人力资源发展状况 ……………………… 111

第一节 2020~2021年工学二级类本科毕业生状况 ……………… 112

第二节　1986～2021年工学二级类本科毕业生状况 …………………… 114
第三节　工学发展的新趋势 …………………………………………… 132
第四节　小结 …………………………………………………………… 137

第八章
总结与展望 ……………………………………………………… 141

第一章

我国科技人力资源的测算方法

把握科技人力资源的总量及结构特征，是开发和使用科技人力资源的重要基础。2008年，中国科协推出了第一部《中国科技人力资源发展研究报告》[简称《研究报告（2008）》]，开创了测算、分析我国科技人力资源总量和结构的先河。16年来，已出版了7部中国科技人力资源发展研究报告。伴随着对科技人力资源内涵的理解逐渐加深，我国科技人力资源的数据采集、测算分析工作渐趋成熟，每一部研究报告的统计测算方法在保持基本稳定的前提下，也会根据实际情况的变化和有关专家的意见进行一些细节上的调整。本章将简要介绍本报告采用的科技人力资源总量的测算方法，并重点介绍与此前报告相比所做出的调整。

第一节 科技人力资源总量的测算方法

本报告采用的科技人力资源总量的测算方法，主要沿用了《中国科技人力资源发展研究报告（2020）》[简称《研究报告（2020）》]的测算方法，同时根据具体情况的变化进行了一些微调。

一、科技人力资源总量的测算与调整

延续之前的研究报告，本报告参考经济合作与发展组织（Organisation for Economic Co-operation and Development，OECD）和欧盟统计局（Eurostat）《科技人力资源手册》中的相关标准，结合我国教育、科技和行业统计的实

际情况，对科技人力资源的内涵和外延做出了基本限定，并以此为基础构建了适应我国科技人力资源现状的分析框架和测度指标。

本报告沿用此前报告中对科技人力资源的定义，即"科技人力资源是指那些实际从事或有潜力从事系统性科学技术知识的产生、发展、传播和应用活动的人员，其外延超过了通常意义上的科技活动人员或研发人员，涉及自然科学、工程和技术、医学、农业科学、社会科学和人文学科等"。

这里需要注意两点：一是科技人力资源并非仅指实际从事科技活动的人员，也包括有潜力从事科技活动的人员，因而范围超过科技人才、科技活动人员、研发人员等；二是这里的科技活动范围不仅包括传统的理、工、农、医领域，也包括社会科学和人文学科。

一般而言，从事或有潜力从事科技活动的人员大部分都具有科技领域大专及以上学历（学位），仅有一小部分不具有大专及以上学历（学位）。因此，为了最大限度地测算科技人力资源总量，测算分为两个方面：一方面是符合"资格"条件的科技人力资源，即完成科技领域大专及以上学历（学位）教育的人员；另一方面是不具备"资格"但符合"职业"条件的科技人力资源，即不具备科技领域大专及以上学历（学位）但在工作岗位上实际从事科技相关工作的人员，包括技师和高级技师、乡村医生和卫生员两大类。

总而言之，科技人力资源总量＝符合"资格"条件的科技人力资源＋不具备"资格"但符合"职业"条件的科技人力资源。

1. 符合"资格"条件的科技人力资源测算

符合"资格"条件的科技人力资源数据，由历年《中国教育统计年鉴》

中普通高校[①]、成人高校、高等教育自学考试（以下简称"高自考"）及网络高等教育四个培养渠道中有关学科和专业大类的毕业生数据测算得到。具体计算方法如下：

符合"资格"条件的科技人力资源 = 专科层次科技人力资源 + 本科层次科技人力资源 + 文史哲艺军学科硕士研究生科技人力资源[②]

值得注意的是，由于《研究报告（2020）》在测算科技人力资源总量时国家尚未公布 2020 年高等教育毕业生分学科与专业大类的实际数据，因此书中 2020 年新增科技人力资源数量是根据预计毕业生数估算的[③]，本报告用实际毕业生数对该数据进行了修正。

2. 不具备"资格"但符合"职业"条件的科技人力资源测算

不具备"资格"但符合"职业"条件的两类科技人力资源数据主要根据《人力资源和社会保障事业发展统计公报》《我国卫生健康事业发展统计公报》整理而成。"技师和高级技师"的统计方法是：假设参加职业资格证书评定的技术人员平均年龄为 45 岁，而平均退休年龄为 60 岁。因此，将统计范围设定为 15 年。截至 2022 年底，2007 年以前评定的技师和高级技师绝大多数已达到法定退休年龄，因此，本报告仅对 2007 年及以后评定的技师和高级技师进行统计。"乡村医生和卫生员"数据直接采用《卫生和计划生育事业发展统

[①] 本报告中的研究生数据也包括科研机构培养的研究生。为了描述简便，文中描述仅用了普通高校的说法。

[②] 按照我国学制，硕士研究生绝大多数来源于本科或专科毕业生，博士研究生绝大多数来源于硕士研究生，在计算科技人力资源总量时，为避免重复计算，只将文学、史学、哲学、艺术学、军事学 5 个在本专科阶段未纳入科技人力资源的学科的硕士研究生纳入测算范围。

[③] 中国科协调研宣传部，中国科协创新战略研究院. 中国科技人力资源发展研究报告（2020）[M]. 北京：清华大学出版社，2021：5-6.

计公报》公布的数据。

值得注意的是，随着高等教育普及化的实现和国家有关政策的引导，越来越多的技师和高级技师将拥有专科及以上学历，越来越多的乡村医生和卫生员将取得执业医师资格或者执业助理医师资格，这会造成这部分科技人力资源和具备"资格"的科技人力资源的重复计算。未来，为保证科技人力资源总量的测算更加精确，应进一步考虑如何调整测算方法。

二、影响科技人力资源总量测算的若干因素

本报告基于"资格"角度和"职业"角度对我国科技人力资源总量进行测算，这仅是根据相关数据累计推算得出的理论数据，实际上有一些因素会造成科技人力资源总量的增多或减少，如"专升本"导致的重复计算、死亡和出国留学未归导致的人数减少等，需要对这些因素进行分析和推算，从而更加准确地把握科技人力资源的总量。

1."专升本"人数

随着终身学习"立交桥"的逐步建立，学生继续升学的渠道更加畅通，专科毕业生中选择"专升本"的学生越来越多，这部分学生会导致测算科技人力资源总量时的重复计算。《中国科技人力资源发展研究报告（2014）》[简称《研究报告（2014）》] 采用从出口剔除的方法，即根据高等教育基层统计报表对本科毕业生来源的分类"高中起点本科、专科起点本科和第二学士学位"，从本科毕业生中减去"专科起点本科"和"第二学士学位"的相关数

据，共扣除 1987～2014 年科技类核心学科的本科毕业生约 170.1 万人[①]。由于自 2015 年起《中国教育统计年鉴》不再公布本科毕业生来源数据，在具体学科数据缺失的情况下，《中国科技人力资源发展研究报告（2018）》[简称《研究报告（2018）》]结合中国教育科学研究院"中国应用型本科高校发展报告"项目的调研数据以及其他文献资料，将 2015～2018 年"专升本"的比例定为 10%，并将"专升本"造成科技人力资源重复计算的扣减比例定为 10%。《研究报告（2020）》沿用了这一做法。近年来，"专升本"比例进一步提高，《2022 中国职业教育质量年报》显示，2020 届专科毕业生升本比例为 16.6%，2021 年提升至 19.6%。在不考虑不同学科"专升本"比例差异的情况下，本报告将 2020～2022 年"专升本"造成科技人力资源重复计算的扣减比例定为 18%。

2. 死亡人数

意外、生病死亡等因素会对科技人力资源总量产生一定的影响。《研究报告（2014）》基于文献研究结果"没有显著的理由说科技人员的死亡率比一般人的死亡率高"[②]，采用全国平均死亡率来推算科技人力资源中的死亡人数。《研究报告（2018）》认为，全国平均死亡率未能扣除 22 岁以前及 72 岁以后的死亡人数，且不同年龄段的死亡率差异极大，而科技人力资源明显呈现出年轻化趋势，用全国平均死亡率来推算科技人力资源死亡人数，将会在一定程度上高估科技人力资源中的死亡人数，因而采用第六次全国人口普查数据中分年龄段人口的死亡率对科技人力资源中的死亡人数进行了测算。本报告

---

① 中国科协调研宣传部，中国科协创新战略研究院.中国科技人力资源发展研究报告（2014）[M].北京：中国科学技术出版社，2016：20-21.
② 狄昂照，李正平，甘辛，等.关于科技人员死亡率是否高于一般水平的定量分析[J].系统工程理论与实践，1989，9（3）：31-34.

继续沿用这一方法，即科技人力资源当年死亡人数 =∑ 年龄段科技人力资源数量 × 对应年龄段死亡率。对应年龄段死亡率如表 1-1 所示。

表 1-1　不同年龄段科技人力资源的死亡率

年龄段 / 岁	死亡率 /‰	年龄段 / 岁	死亡率 /‰
20 ~ 24	0.5	50 ~ 54	4.3
25 ~ 29	0.6	55 ~ 59	6.1
30 ~ 34	0.8	60 ~ 64	10.0
35 ~ 39	1.2	65 ~ 69	16.9
40 ~ 44	1.7	70 ~ 74	30.3
45 ~ 49	2.5		

3. 出国留学未归人员数量

随着在国内完成高等教育后出国留学人员数量的增长，会有部分人员留在国外工作，导致国内科技人力资源总量的减少。《研究报告（2014）》中曾采用"流出科技人力资源数量 =（出国留学人员 - 归国留学人员）× 出国留学人员中的科技类专业毕业生比例（60%）"的方法对科技人力资源的流出数量进行测算。考虑到留学低龄化趋势加剧，出国读中学的人数增长率超过本科，并且部分人员仍在上学，尚未完成学业，不能直接算成流出的科技人力资源，《研究报告（2018）》对上述方法进行了修正，以完成学业的出国留学人员为基数进行测算，并根据出国留学人员的学科与学历情况，将学成未归人员折算成科技人力资源的比例定为 90%。本报告沿用了这一比例。

需要说明的是，由于缺乏"专升本"、死亡、出国留学未归人员等几类人群的学科（专业大类）、学历、年龄、性别等具体数据，因此仅供在测算总量时参考，而在具体讨论学科（专业大类）、学历、年龄、性别结构时暂不涉及。

第二节 学科（专业大类）和学历结构的测算方法

本报告首先根据不同学历层次、不同渠道、不同学科（专业大类）毕业生的折合系数测算出专科、本科与研究生层次的新增科技人力资源数量，然后得到新增科技人力资源以及科技人力资源总量的学科结构。各学科（专业大类）毕业生的计算方式沿用了《研究报告（2020）》中的折合系数。

一、专科层次不同学科（专业大类）毕业生的折合系数

2004年，教育部发布关于《普通高等学校高职高专教育指导性专业目录（试行）》的通知，要求按照以职业岗位群或行业为主、兼顾学科分类的原则划分专业，将专科学历教育层次的学科门类分设为19个大类。自2012年开始，专科层次毕业生由按12个学科门类转为按19个专业大类进行统计。2015年，教育部发布《普通高等学校高等职业教育专科（专业）目录（2015年）》，对专科专业目录进行修订，总体维持19个专业大类不变，但对具体分类进行了调整。根据教育部职业教育专业目录的变化，《研究报告（2014）》《研究报告（2018）》采用德尔菲法，对专科层次毕业生的折合系数进行了调整。2021年，教育部印发《职业教育专业目录（2021年）》，对原有目录进

行了修订，对接现代产业体系，一体化设计中等职业教育、高等职业教育专科、高等职业教育本科不同层次专业，共设置 19 个专业大类、97 个专业类、1349 个专业。因 19 个专业大类与 2015 年保持一致，本报告继续沿用《研究报告（2018）》的比例，具体如下。

（1）将交通运输、能源动力与材料、水利三大类定为核心专业大类，其普通高校毕业生 100% 纳入科技人力资源，成人高校、网络高等教育的同类毕业生折半纳入。

（2）将农林牧渔、资源环境与安全、生物与化工、食品药品与粮食、土木建筑、装备制造、电子与信息、医药卫生八大类定为外延专业大类，其普通高校毕业生的折算系数分别为 87.87%、74.76%、99.96%、63.50%、95.68%、97.75%、99.30%、38.60%，成人高校、网络高等教育的同类毕业生折半纳入。

（3）轻工纺织、财经商贸、旅游、文化艺术、新闻传播、教育与体育、公安与司法、公共管理与服务八大类不纳入科技人力资源统计范畴。

二、本科层次不同学科毕业生的折合系数

本科层次毕业生的折合系数按照学科分类和培养渠道两个维度研究确定。学科根据教育部 2012 年修订的《普通高等学校本科专业目录》分为 12 个门类，分别按比例进行测算；培养渠道则对普通高校、成人高校和网络高等教育毕业生分别按比例进行测算[1]，具体如下。

---

① 教育部公布的高等教育自学考试毕业生统计数据未细化到学科和专业大类，因此不纳入学科结构分析；在测算新增科技人力资源总量时，按照《中国科技人力资源发展研究报告（2012）》[简称《研究报告（2012）》]延续下来的做法，将高自考渠道的毕业生按照 21.11% 的比例纳入科技人力资源总量统计范畴。

第一，理学、工学、农学和医学 4 个为核心学科门类，其普通高校、成人高校、网络高等教育毕业生均按 100% 纳入科技人力资源。

第二，经济学、法学、教育学和管理学 4 个为外延学科门类，其普通高校毕业生的折合系数分别为 1.26%、6.80%、16.77% 和 2.74%，成人高校和网络高等教育毕业生的折合系数分别为 1.13%、5.72%、8.49% 和 2.77%。

第三，文学、历史学、哲学和艺术学 4 个学科门类的本科毕业生不纳入科技人力资源的统计范畴。

值得注意的是，为了建设现代职业教育体系，打破职业教育学生升学"天花板"，2019～2022 年，教育部先后批准 32 所高校开展本科层次职业教育试点工作，2022 年有 9229 名学生毕业。本科层次职业教育在学历层次上属于本科，但在招生上根据职业教育的办学特点按专业大类招生。本报告将本科层次职业教育毕业生按本科生折算系数计算，先将专业大类还原为学科，然后按各学科折算系数进行测算，即将农林牧渔专业大类纳入农学，将交通运输、资源环境与安全、水利、土木建筑、装备制造、电子与信息、能源动力与材料、生物与化工、轻工纺织、食品药品与粮食等有关专业大类纳入工学，将医药卫生专业大类纳入医学。

三、研究生层次不同学科毕业生的折合系数

研究生毕业生包括普通高校以及科研机构培养的研究生毕业生。根据《学位授予和人才培养学科目录（2011 年）》，研究生的学科分为哲学、经济学、法学、教育学、文学、历史学、理学、工学、农学、医学、管理学、军事学、艺术学 13 个学科门类，本报告将研究生毕业生 100% 纳入科技人力资源。

四、科技人力资源学科和学历结构的测算

由于专科与本科、研究生的学科分类方法不一样，无法直接测算科技人力资源学科结构。本报告沿用《研究报告（2018）》的方法，将专科层次按专业大类分类的科技人力资源还原为按学科分类，即将农林牧渔纳入农学，将交通运输、资源环境与安全、水利、土木建筑、装备制造、电子与信息、能源动力与材料、生物与化工、轻工纺织、食品药品与粮食等有关专业大类纳入工学，将医药卫生纳入医学，再综合专科、本科和研究生层次不同学科的科技人力资源数据，可测算得到科技人力资源的学科结构。

汇总不同层次的科技人力资源数量，可测算出科技人力资源的学历结构。需要注意的是，由于获得研究生学历的毕业生绝大多数都已获得过本科学历，因此在分析科技人力资源学历层次结构时，不能将各学历层次的科技人力资源数量进行简单求和，计算本科层次科技人力资源比例时，应将其中进一步获得硕士研究生学历的科技人力资源数剔除。同理，计算硕士研究生科技人力资源比例时，应将其中进一步获得博士学位的科技人力资源数剔除。

五、科技人力资源学科和学历的国际比较

本报告采用 OECD 数据库中各国家和地区 2020 年的学科与专业毕业生数据，对新增科技人力资源的学科结构和学历结构进行了国际比较。

因 OECD 数据库的学科分类方式与我国不大相同，本报告将 OECD 数据库中的自然科学、数学与统计（natural sciences, mathematics and statistics）对应我国的理学，将信息与通信技术（information and communication technologies）、工程、制造与建筑（engineering, manufacturing and construction）合并对应我国

的工学，将农林牧渔（agriculture，forestry，fisheries and veterinary）对应我国的农学，将健康与福利服务（health and welfare services）对应我国的医学，100%计入科技人力资源。另外从学历层次看，OECD数据库采用联合国教育、科学及文化组织（United Nations Educational，Scientific and Cultural Organization，UNESCO）《国际教育标准分类法（2011）》的分类方法，将高等教育分为5级、6级、7级和8级四级。根据各层级的内涵，将5级对应我国专科，6级对应我国本科，7级对应我国硕士研究生，8级对应我国博士研究生。

关于学科的折算系数，沿用《研究报告（2020）》的方法，将其他国家本科层次的核心学科毕业生100%计入科技人力资源；专科层次的核心学科参照我国专业大类转化为学科后的折合比例，分别按100%、69.8%、68.4%、78.9%、21.0%计入科技人力资源；研究生层次则将所有学科毕业生均计入科技人力资源，对各国理工农医学科的学历结构进行大致测算。

第三节 年龄与性别结构的测算方法

由于现有统计资料中没有相关数据，因此可以多渠道推算科技人力资源年龄和性别的结构。

一、科技人力资源年龄结构的测算方法

目前，有关我国科技人力资源年龄结构的数据不能直接从相关统计资料

中获得。本报告沿用以往的方法，根据定义对具有大专及以上学历人群的年龄结构进行估算，并在此基础上推算出具备"资格"的科技人力资源总量的年龄结构。具体推算方法是：假设普通高校专科和本科应届毕业生年龄分别为 21 周岁和 22 周岁，成人高校、网络高等教育、高自考专科与本科应届毕业生的年龄分别为 24 周岁和 25 周岁，硕士毕业生的年龄设定为 25 周岁，并将科技人力资源年龄结构的上限设定为 72 周岁。相对而言，研究生层次科技人力资源的年龄结构比较复杂，存在不连续接受学历教育、硕博连读、两年制硕士、延期毕业等多种情况。随着政策灵活性的增强，未来研究生年龄分布的离散程度会进一步提高，尤其是近年来国家大力发展专业硕士和博士，这将进一步影响研究生层次科技人力资源的年龄结构。但总体而言，研究生阶段新增计入科技人力资源总量的仅包括文学、历史学、哲学、艺术学和军事学 5 个学科的硕士毕业生，数量相对较少，将其毕业年龄定为 25 周岁虽然会存在一定偏差，但对科技人力资源总量的年龄结构影响很小。基于以上假设，可以通过逐年推算，大致获得我国科技人力资源的年龄分布情况。

二、科技人力资源性别结构的测算方法

由于《中国教育统计年鉴》中没有公布各学历层次、各学科门类和专业大类的女性毕业生细分数据，因此难以按照定义从"资格"角度准确计算专科及以上学历女性科技人力资源的数量。

作为替代方案，每年选取部分高校进行分学科、分专业大类的调研，是确定各学科、专业大类女性毕业生比例，从而测算出女性科技人力资源比例的较为可行的方法。但由于我国高校的种类较为多样，有综合大学、师范院

校、理工院校、语言院校、体育院校、财经院校、政法院校等，不同类型学校的学生性别结构可能存在较大的差异，如果选择的高校样本量不足，科技人力资源的性别结构测算可能会出现较大的误差。《研究报告（2012）》选取了以理工农医为代表的6所高校，按核心学科、外延学科、非科技人力资源学科的分类对其招生数量做了样本分析，得到了各学科女性学生比例，从而测算了科技人力资源的性别结构。《研究报告（2014）》和《中国科技人力资源发展研究报告（2016）》[简称《研究报告（2016）》]沿用了这一比例。《研究报告（2018）》进行了改进，采用中国教育科学研究院2016年"全国高等教育满意度调查"等项目中全国31个省份350所高校4.89万名本专科学生的性别结构数据，对新增女性科技人力资源进行测算，这些数据涵盖了各种类型的高校，覆盖了所有学科和专业大类，能比较科学地反映全国高校毕业生的性别结构。《研究报告（2020）》延续了这一方法。为了进一步反映新增科技人力资源的性别变化，本报告采用中国教育科学研究院2021年"全国高等教育满意度调查"等项目中全国31个省份347所高校4.4万名本专科学生的性别结构数据，如表1-2、1-3所示。

表1-2 本科层次各学科女性毕业生比例

学科门类	女性毕业生比例 /%
理学	53.7
工学	31.1
农学	58.3
医学	60.1
管理学	68.0
经济学	66.0

续表

学科门类	女性毕业生比例 /%
法学	65.0
教育学	71.5

表 1-3 专科层次各学科女性毕业生比例

专业大类	女性毕业生比例 /%
交通运输	30.2
能源动力与材料	12.7
水利	27.1
资源环境与安全	43.1
电子与信息	32.4
农林牧渔	46.1
生物与化工	38.7
食品药品与粮食	63.0
土木建筑	27.1
医药卫生	74.0
装备制造	13.3

由于调查样本缺少成人高校、网络高等教育毕业生数据，本报告将调查所得的各学科与专业大类女性毕业生比例运用于成人高校、网络高等教育培养的女性科技人力资源测算；高自考培养的女性科技人力资源则采用普通高校、网络高等教育、成人高校三个渠道汇总后计算所得的比例进行测算。

根据《研究报告（2020）》女性科技人力资源存量数量、2020～2021年女性科技人力资源新增和退休数量，计算出截至 2021 年女性科技人力资源存量及占比。

第四节 区域科技人力资源估算方法

由于缺乏有关科技人力资源流动的统计数据，因此本报告主要通过各省份培养的科技人力资源数量，近似反映科技人力资源的区域分布情况。

各省份培养的科技人力资源数量的测算沿用《研究报告（2020）》的方法，即以《中国教育统计年鉴》发布的各省份普通高校毕业生数量作为估算基础，具体方法如下。

（1）本、专科层次科技人力资源的估算方法。分别用全国普通本、专科毕业生纳入科技人力资源的比例，作为各个地区普通本、专科毕业生纳入科技人力资源的比例，再乘以各个地区普通本、专科毕业生数，近似得出各个地区普通本、专科科技人力资源数量。各省份成人高校和网络高等教育培养的本、专科层次科技人力资源的估算方法与普通本、专科科技人力资源的估算方法一致。

（2）研究生层次科技人力资源的估算方法。按照科技人力资源的定义，各省份硕士和博士毕业生 100% 纳入其中。

第五节　小　结

本报告中关于科技人力资源的定义、总量与结构的测算基本沿用了《研究报告（2020）》的方法，同时根据具体情况的变化进行了一些调整与改进。

科技人力资源的定义与基本测算方法保持不变，即科技人力资源总量＝符合"资格"条件的科技人力资源＋不具备"资格"但符合"职业"条件的科技人力资源。其中符合"资格"条件的科技人力资源主要是指完成科技领域大专及以上学历（学位）教育的人员，不具备"资格"但符合"职业"条件的科技人力资源包括技师和高级技师、乡村医生和卫生员两大类。关于科技人力资源的学科（专业大类）、学历、性别、年龄结构和区域分布的测算方法也基本保持不变。

本报告做出的调整和改进主要有：一是确定首次出现的本科层次职业教育毕业生的折算方法；二是重新确定"专升本"学生的折算比例；三是重新确定专科和本科层次女性毕业生的折算比例。

经过十多年的不断探索，我国对科技人力资源内涵的理解不断加深，科技人力资源总量与结构的定量研究统计方法也不断完善，但总体而言，科技人力资源的测算还有待进一步深化，测算结果的实践意义还有待进一步加强。

第二章

我国科技人力资源的总量

作为最宝贵的国家科技发展战略资源，科技人力资源的规模反映了科技人力的储备水平和供给能力。科学测度科技人力资源的总量和结构，是开发和利用科技人力资源的基础。本章对我国2021～2022年新增科技人力资源数量及截至2022年底我国科技人力资源总量进行了测算。

第一节　2021～2022年新增科技人力资源数量

本节首先分别测算2021～2022年新增符合"资格"条件的科技人力资源数量和新增不具备"资格"但符合"职业"条件的科技人力资源数量，然后汇总得到2021～2022年新增科技人力资源的数量。

一、2021～2022年新增符合"资格"条件的科技人力资源数量

2021～2022年新增符合"资格"条件的科技人力资源1260.2万人[①]。从培养渠道来看，普通高校培养科技人力资源899.5万人，占新增科技人力资源的71.38%；成人高校培养科技人力资源217.0万人，占17.22%；网络高

[①] 为了避免重复计算，本章中的新增符合"资格"条件的科技人力资源数据为专科层次科技人力资源+本科层次科技人力资源+文史哲艺军学科硕士研究生科技人力资源，第三章至第七章科技人力资源结构分析中的新增符合"资格"条件的科技人力资源数据为专科层次科技人力资源+本科层次科技人力资源+研究生层次科技人力资源。这一区别的具体解释见第一章。因数据四舍五入，呈现数字与实际数字有些微出入，特此说明。

等教育培养科技人力资源125.6万人，占9.97%；高自考培养科技人力资源18.0万人，占1.43%（图2-1）。可以看出，普通高校是培养科技人力资源的主要渠道。

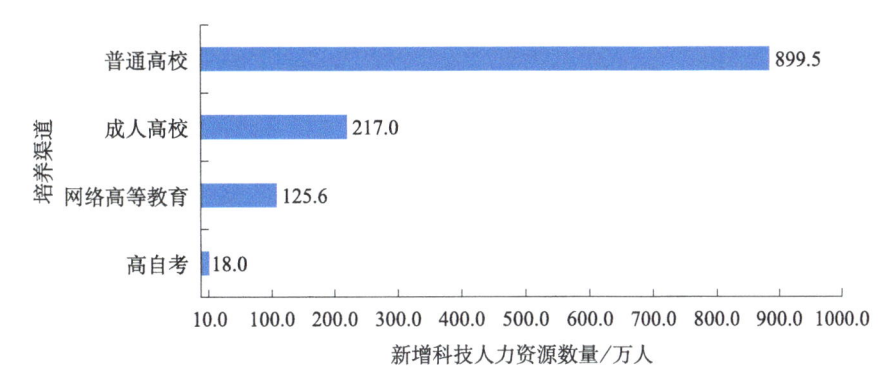

图2-1 2021～2022年新增符合"资格"条件的科技人力资源数量

二、2021～2022年新增不具备"资格"但符合"职业"条件的科技人力资源数量

将技师和高级技师、乡村医生和卫生员两类人员作为不具备"资格"但符合"职业"条件的人员纳入科技人力资源的统计范畴。2021年和2022年《人力资源和社会保障事业发展统计公报》显示，2021年和2022年全国分别有30.2万人和35.6万人取得技师和高级技师职业资格，共计65.8万人。《2022年我国卫生健康事业发展统计公报》显示，2022年我国拥有乡村医生和卫生员66.5万人，比2020年减少12.6万人。综合计算得出，2021～2022年我国新增不具备"资格"但符合"职业"条件的科技人力资源53.2万人。

结合 2021～2022 年符合"资格"条件和"职业"条件的两类科技人力资源数据，得到新增科技人力资源为 1313.4 万人。

第二节 截至 2022 年底我国科技人力资源总量

截至 2022 年底，我国拥有科技人力资源总量 12 466.0 万人，为科技强国、人才强国建设奠定了良好基础。

一、符合"资格"条件的科技人力资源总量

经测算，截至 2022 年底，我国累计培养符合"资格"条件的科技人力资源 11 753.6 万人。从培养渠道来看，普通高校培养 7647.0 万人，占科技人力资源总量的 65.06%；成人高校培养 2802.8 万人，占 23.85%；网络高等教育培养 757.1 万人，占 6.44%；高自考培养 546.7 万人，占 4.65%（图 2-2）。可以看出，普通高校是科技人力资源培养的主要渠道，成人高校、网络高等教育、高自考也提供了多样化的学习渠道，为我国科技人力资源队伍的壮大做出了贡献。

从历史数据来看，近年来普通高校、成人高校、网络高等教育培养的科技人力资源数量呈增长态势，其中普通高校培养的科技人力资源增长最快（图 2-3）。

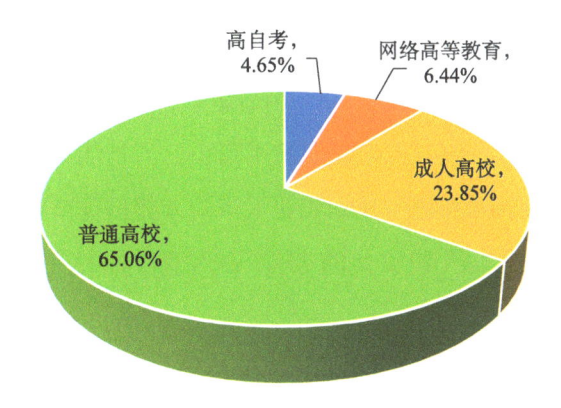

图 2-2 截至 2022 年底各渠道培养的科技人力资源占比情况

图 2-3 2012～2022 年各渠道培养科技人力资源数量

注：此处用实际数据替代《研究报告（2020）》中 2020 年的预测数据。

二、不具备"资格"但符合"职业"条件的科技人力资源总量

不具备"资格"但符合"职业"条件的科技人力资源主要包括技师和高级技师、乡村医生和卫生员两大类群体。

技师和高级技师是取得相应等级职业资格证书或职业技能等级证书的高技能人才，是支撑中国制造、中国创造的重要力量。近年来，我国在高级技师之上探索增设特级技师、首席技师技术岗位，为技能人才开拓更广阔的发展空间。每年取得技师和高级技师职业资格的人数呈现增长趋势，技师和高级技师总量不断增长，从2012年的335.3万人增至2022年的645.9万人，增长了近一倍（图2-4）。

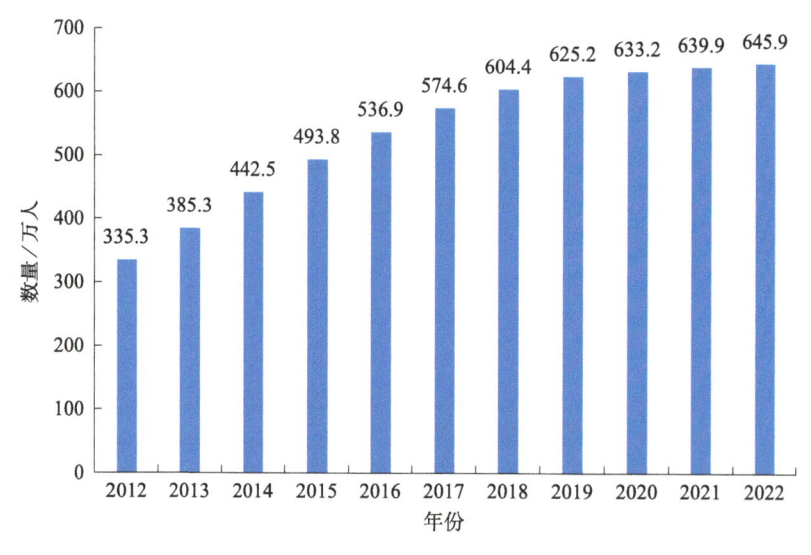

图 2-4　2012～2022年技师和高级技师的总量规模

资料来源：历年《人力资源和社会保障事业发展统计公报》

乡村医生是尚未取得执业医师资格或者执业助理医师资格，经注册在村医疗卫生机构中向村民提供预防、保健和一般医疗服务的从业者。近年来，我国鼓励乡村医生通过医学教育取得医学专业学历，鼓励符合条件的乡村医生参加医师资格考试依法取得医师资格，因此虽然乡村医生数量逐年下降——乡村医生和卫生员的数量从2012年的109.4万人降至2022年的66.5万人，减少了近四成，但实际在村服务的执业医师和执业助理医师数量一直在上升（图 2-5）。

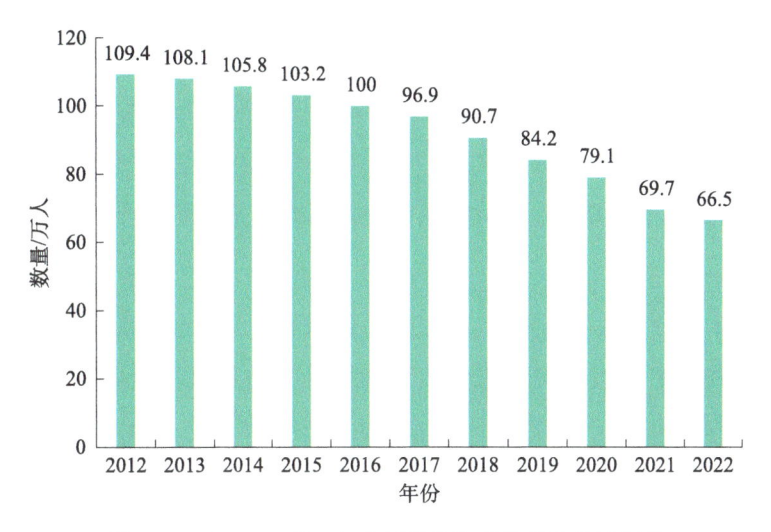

图 2-5　2012～2022 年乡村医生和卫生员的总量规模

资料来源：历年《卫生和计划生育事业发展统计公报》

汇总两方面数据，截至 2022 年底，不具备"资格"但符合"职业"条件的科技人力资源共有 712.4 万人。

三、影响科技人力资源总量的若干因素

根据历年高等教育毕业生数据以及技师和高级技师、乡村医生和卫生员相关数据，可以测算得到截至 2022 年底我国科技人力资源的总量。但这一测算并未考虑一些事实因素对科技人力资源总量产生的实际影响，如"专升本"人数、死亡人数与出国留学未归人员数量等。因此，需要对这些影响因素进行分析，以便对科技人力资源总量有更加全面准确的认识。

1."专升本"导致的重复计算

传统的"专升本"分为两类：第一类是普通高等教育"专升本"（亦称统招专升本），考试对象仅限于各省份全日制普通高校（统招入学）的专科应届毕业生；第二类是成人高等教育"专升本"，有四种途径，包括自考"专升本"、成人高考"专升本"、网络教育"专升本"（远程教育）、开放大学"专升本"。

近年来，随着上下衔接、普职融通的教育"立交桥"建设以及人民日益增长的接受更高教育的需求，专科学生升学的数量不断增多，"专升本"比例开始逐步提升。"专升本"数量的变化会对科技人力资源总量计算产生较大影响。《研究报告（2018）》首次将"专升本"纳入科技人力资源测算影响因素，测算出1987～2017年"专升本"科技人力资源人数约为232.0万人。《研究报告（2020）》测算出2018～2019年"专升本"科技人力资源人数约为48.1万人。本报告测算出2020～2021年"专升本"科技人力资源约98.5万人。

因此，1987～2021年累计增加的"专本升"人员数量约为378.6万人，须将这些人员从科技人力资源总量中扣除。

2.死亡人数

《研究报告（2018）》首次考虑分年龄段计算死亡人数，推算出2017年、2018年的科技人力资源死亡人数约为27万人。《研究报告（2020）》测算出2019年、2020年的科技人力资源死亡人数约为27万人。本报告测算出2021年、2022年科技人力资源的死亡人数约为30.7万人。因此，2017～2022年累计死亡的科技人力资源约为 84.7 万人。

3. 出国留学未归人员数量

根据教育部公布的出国留学人员情况统计数据，1978～2019 年度，各类出国留学人员累计达 656.06 万人，其中 490.44 万人已完成学业，423.17 万人在完成学业后选择回国发展，占已完成学业群体的 86.28%；另有留学完成学业后未归国人员 67.27 万人。本报告采用这一数据源，测算出留学未归人员折合成科技人力资源约为 60.5 万人。

综合来看，"专升本"、死亡和出国留学未归三大因素大致造成科技人力资源总量减少约 523.8 万人。

四、截至 2022 年底我国科技人力资源总量

综合符合"资格"条件与不具备"资格"但符合"职业"条件的科技人力资源，可以计算出截至 2022 年底，理论上我国拥有科技人力资源 12 466.0 万人，其中，符合"资格"条件的科技人力资源占 94.3%，不具备"资格"但符合"职业"条件的科技人力资源占 5.7%（图 2-6）。通过大致估算，"专升本"导致的重复计算、死亡和出国留学未归等因素造成科技人力资源总量减少约 523.8 万人。

10 年来，我国科技人力资源总量持续增长（图 2-7），始终保持世界前列的规模优势，形成支撑科技强国建设的人才基础。

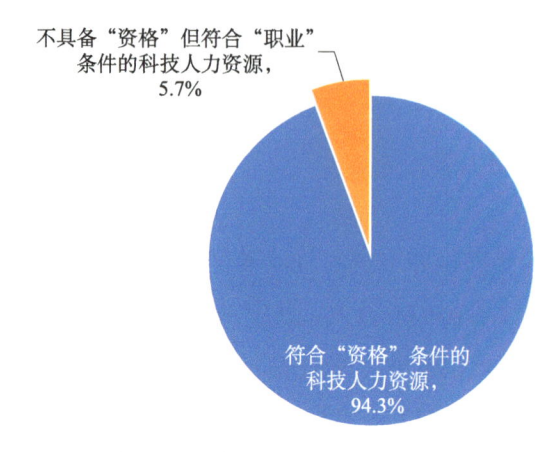

图 2-6　截至 2022 年底我国科技人力资源占比情况

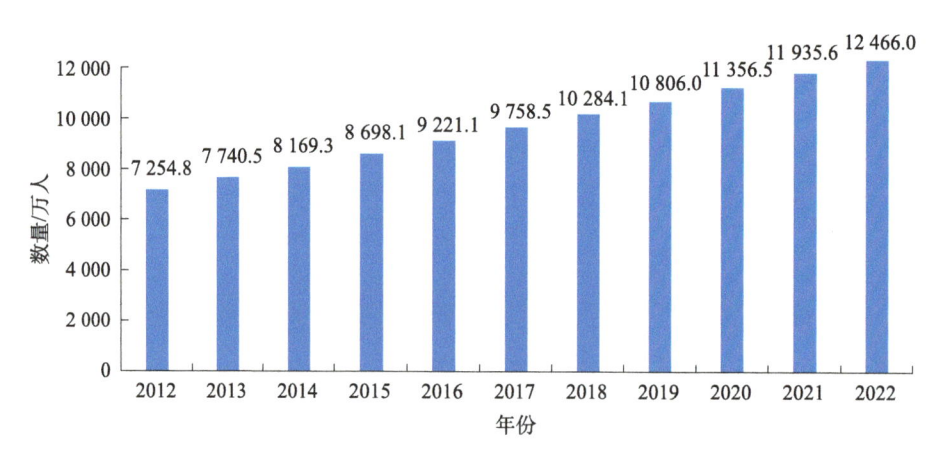

图 2-7　2012～2022 年我国科技人力资源的总量

五、我国科技人力资源总量的发展趋势

通过数据测算以及对当前宏观形势的分析可以预见，未来一段时期，我

国科技人力资源的总量和在人口中的比例将进一步提升。

高等教育毕业生是我国科技人力资源的最主要来源，高等教育实施的扩招计划，进一步提升了科技人力资源的总量。近年来，高等教育毛入学率不断提升，2023年已达60.2%，比上年提高了0.6个百分点，使得高等教育每年培养的符合"资格"条件的科技人力资源数量稳定增长。2016～2021年，扣除重复计算与退休人员数量，每年由高等教育培养的净增具备"资格"的科技人力资源在450万人以上。2023年，《教育部关于深入推进学术学位与专业学位研究生教育分类发展的意见》指出，到"十四五"末将硕士专业学位研究生招生规模扩大到硕士研究生招生总规模的三分之二左右，大幅增加博士专业学位研究生招生数量。此外，为落实党的二十大报告提出的"推进教育数字化，建设全民终身学习的学习型社会、学习型大国"要求，我国数字教育体系构建取得明显进展，拓宽了学习者的学习渠道，给不具备大专以上学历但有学习意愿的人提供了更多可能性，也有助于培育更多的科技人力资源。截至2024年1月，我国大规模开放网络课程（massive open online course，MOOC；又称慕课）上线数量超过7.68万门，服务国内12.77亿人次。可以预见，我国科技人力资源总量将持续稳定增长。

随着科技人力资源总量的增长，科技人力资源密度也在增加。科技人力资源密度是指科技人力资源在总人口中的比例。2012～2022年，我国每万人口中拥有的科技人力资源数量逐年提高，从533.7人提高到883.0人（图2-8），反映出我国人口的科学技术素质水平在逐步提高，建设科技强国的基础在不断夯实。

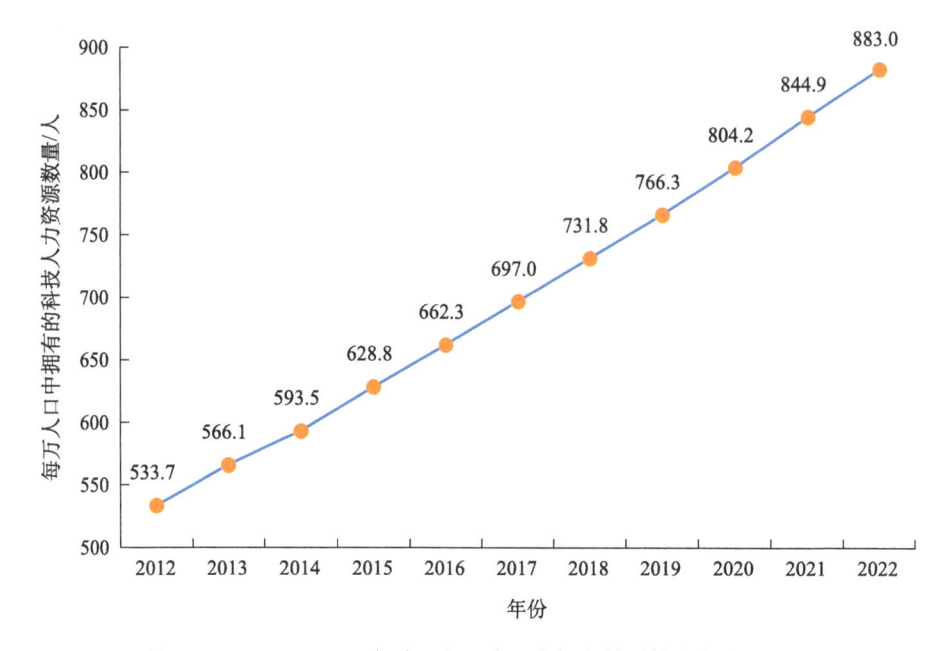

图 2-8　2012～2022 年我国每万人口中拥有的科技人力资源数量

第三节　小　　结

一、我国科技人力资源总量继续保持世界前列

不考虑"专升本"、死亡、出国留学未归等因素，截至 2022 年，我国科技人力资源总规模为 12 466.0 万人，继续在全球保持规模优势。其中，符合"资格"条件的科技人力资源占 94.3%，不具备"资格"但符合"职业"条件的科技人力资源占 5.7%。"专升本"、死亡、出国留学未归造成科技人力资源

总量减少约 523.8 万人。未来，随着高等教育的规模持续性增长、在线教育资源的不断丰富和终身学习支持体系的完善，科技人力资源总量将继续稳定增长，形成支撑科技强国建设的人才基础。

二、不具备"资格"但符合"职业"条件的科技人力资源构成持续优化

乡村医生是指尚未取得执业医师资格或者执业助理医师资格，经注册在村医疗卫生机构中向村民提供预防、保健和一般医疗服务的从业者。在《中华人民共和国医师法》《乡村医生从业管理条例》《全国乡村医生教育规划（2011—2020 年）》等法规政策的带动下，不断有乡村医生通过医学教育取得医学专业学历，取得医师资格，乡村医生逐步向执业医师或执业助理医师转化。因此，虽然近年来乡村医生数量不断下降，但实际在村中为老百姓服务的执业医师和执业助理医师数量一直处于上升态势。

技师和高级技师是取得相应等级职业资格证书或职业技能等级证书的高技能人才，是支撑中国制造、中国创造的重要力量。近年来，我国在高级技师之上探索增设特级技师、首席技师技术岗位，相信未来这一支人才队伍力量会不断壮大。

三、我国科技人力资源的质量持续提升

党的二十大报告提出"实施更加积极、更加开放、更加有效的人才政策""建设规模宏大、结构合理、素质优良的人才队伍"。在党和国家对人才

工作的高度重视下，中国人力资源竞争力进入爆发式增长时期，到 2022 年，中国稳居全球人才竞争优势国家方阵[①]。我国研发人员总量连续稳居世界首位；"专利合作条约"（patent cooperation treaty，PCT）国际专利申请量占申请总量的 1/4 以上，以 70 015 件继续居世界第一；1169 位科学家入选科睿唯安"高被引科学家"名单，占全球的 16.2%，位居第二[②]；人才竞争力指数位列第八，人才规模与人才结构名列前茅[③]；以两院院士、国家重大人才工程入选者、国家重大科技项目负责人等为主体的高层次创新型科技人才数量超过 4 万人[④]；科技进步贡献率由 2012 年的 52.2% 提高至 2022 年的 60% 以上；高技能人才数量超过 6000 万人，比 2012 年翻了一番。

---

① 丁小溪，范思翔. 聚天下英才而用之——党的十八大以来我国人才事业创新发展综述［EB/OL］. https://www.gov.cn/xinwen/2021-09/28/content_5639742.htm ［2021-09-28］.
② 中华人民共和国科学技术部. 中国科技人才发展报告（2022）［M］. 北京：科学技术文献出版社，2023：18-19.
③ 全球化智库. 2022 全球人才流动趋势与发展报告［EB/OL］. https://book.yunzhan365.com/qcaw/vvjn/mobile/index.html ［2024-03-15］.
④ 吴江. 深入实施人才强国战略［J］. 红旗文稿，2023（3）：22-25.

第三章

我国科技人力资源的学科结构

学科与专业结构是反映科技人力资源整体情况的主要特征之一，反映了科技人力资源发挥作用的潜力。《2022中国大学生就业趋势调研报告》显示，大学毕业生从事专业相关工作的比例较高，2021~2023届毕业生中，本科院校毕业生对口就业的比例在90%左右，专科院校毕业生对口就业的比例在70%以上[①]。《2022中国职业教育质量年报》显示，2020届和2021届高职生就业与专业相关度分别为67.6%和67.4%[②]。因此，以高等教育毕业生的学科与专业结构对科技人力资源的学科与专业结构进行大致测算，有助于了解科技人力资源的行业分布。本章从"资格"角度[③]，推算我国科技人力资源的学科结构。

第一节 2020~2021年新增科技人力资源的学科结构

本节先将专科层次科技人力资源的专业大类大致还原为学科，呈现2020~2021年新增科技人力资源的学科结构，让读者有一个总体了解，随后分别呈现本科、专科、研究生层次新增科技人力资源的学科结构，以便于比较分析。

---

① 人力资源和社会保障部信息中心.2022中国大学生就业趋势调研报告：跨专业就业比例增加，超4成择业"求稳"[EB/OL].https://hrssit.cn/info/2829.html[2023-02-27].
② 中国教育科学研究院，全国职业高等院校校长联席会议.2022中国职业教育质量年度报告[M].北京：高等教育出版社，2023：31.
③ 受数据可获得性限制，本章及之后章节在分析学科（专业大类）、学历、性别、年龄结构时均只包含符合"资格"的科技人力资源数据。

第三章
我国科技人力资源的学科结构

一、新增科技人力资源的学科结构

根据测算，2020～2021年新增科技人力资源1246.9万人（不包括高自考）[①]，其中工学培养科技人力资源最多，为834.1万人，占66.89%；其次是医学，为214.2万人，占17.18%；再次是理学，为73.0万人，占5.85%。理工农医核心学科培养的科技人力资源占93.22%（图3-1）。

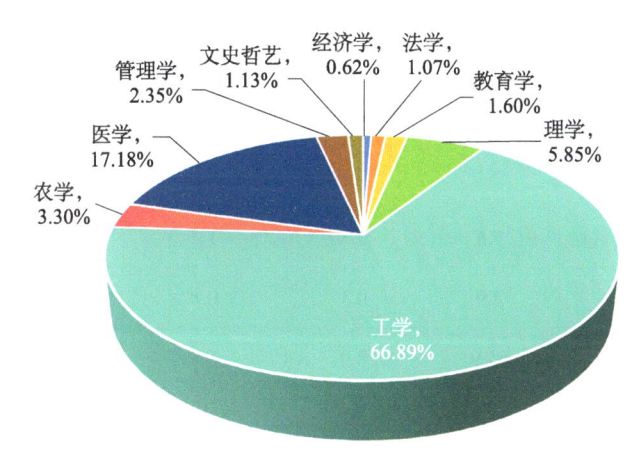

图3-1 2020～2021年新增科技人力资源的学科结构

二、2020～2021年不同学历层次新增科技人力资源的学科结构

分析新增科技人力资源的学科结构能够了解近些年的热点学科，从侧面反映教育改革的成效。

---

① 由于高自考没有分学科数据，因此不纳入学科结构分析。

1. 2020～2021年专科层次新增科技人力资源的学科结构

根据测算，2020～2021年专科层次新增科技人力资源469.3万人，其中核心专业大类新增科技人力资源79.7万人，占16.98%；外延专业大类新增科技人力资源约389.6万人，占83.02%（表3-1）。其中，电子与信息、装备制造两个专业大类新增科技人力资源数量最多，分别为121.2万人和102.7万人。

表3-1　2020～2021年专科层次新增科技人力资源的专业分布

专业大类		普通高校/万人	成人高校/万人	网络高等教育/万人	合计/万人	占比/%
核心专业大类	交通运输	55.2	7.2	3.8	66.2	16.98
	能源动力与材料	7.8	0.5	1.2	9.5	
	水利	2.9	0.3	0.8	4.0	
	小计	65.9	8.0	5.8	79.7	
外延专业大类	农林牧渔	11.5	1.7	2.1	15.3	83.02
	资源环境与安全	6.8	0.6	1.7	9.1	
	生物与化工	5.9	0.5	0.5	6.9	
	食品药品与粮食	7.9	0.2	0.4	8.5	
	土木建筑	53.2	8.1	14.5	75.8	
	装备制造	80.6	11.3	10.8	102.7	
	电子与信息	99.0	10.0	12.2	121.2	
	医药卫生	41.0	6.2	2.9	50.1	
	小计	305.9	38.6	45.1	389.6	
合计		371.8	46.6	50.9	469.3	100.00

从结构来看，电子与信息和装备制造两个专业大类培养的科技人力资源比例最高，占比分别为 25.83% 和 21.88%；其次是土木建筑、交通运输和医药卫生，占比分别为 16.15%、14.11% 和 10.68%（图 3-2）。

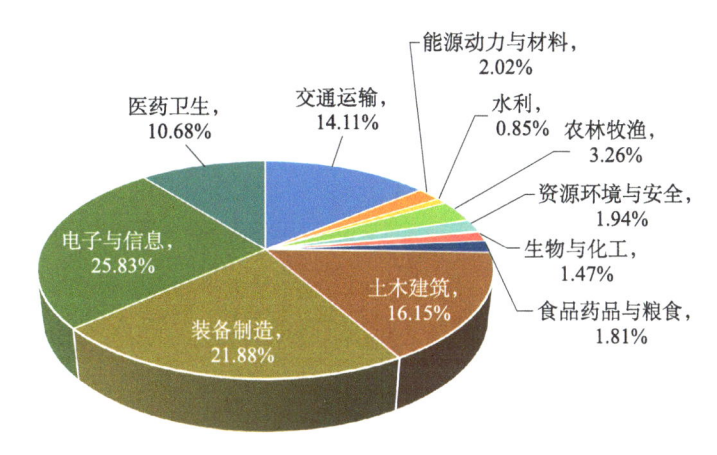

图 3-2　2020～2021 年专科层次新增科技人力资源的专业结构

将专科层次新增科技人力资源按学科大致还原分类后，工学培养的科技人力资源占 86.06%，医学占 10.68%，农学占 3.26%。

2. 2020～2021 年本科层次新增科技人力资源的学科结构

根据测算，2020～2021 年本科层次新增科技人力资源 627.7 万人，其中普通高校、成人高校和网络高等教育分别培养了 420.1 万人、140.9 万人和 66.7 万人（表 3-2）。从学科来看，核心学科培养 606.2 万人，占 96.57%；外延学科培养 21.5 万人，占 3.43%。

各学科门类新增本科层次科技人力资源中，工学培养的比例最高，占 60.28%；其次是医学，占 23.45%；再次是理学，占 9.72%；理工农医培养的科技人力资源共占 96.57%（图 3-3）。

表 3-2　2020～2021 年本科层次新增科技人力资源的学科分布

学科门类		普通高校/万人	成人高校/万人	网络高等教育/万人	合计/万人	占比/%
核心学科	理学	55.4	3.9	1.7	61.0	96.57
	工学	278.5	55.1	44.8	378.4	
	农学	14.3	3.5	1.8	19.6	
	医学	59.0	73.6	14.6	147.2	
	小计	407.2	136.1	62.9	606.2	
外延学科	经济学	0.6	0.1	0.1	0.8	3.43
	法学	2	0.6	0.8	3.4	
	教育学	6	2.2	0.9	9.1	
	管理学	4.3	1.9	2.0	8.2	
	小计	12.9	4.8	3.8	21.5	
合计		420.1	140.9	66.7	627.7	100.00

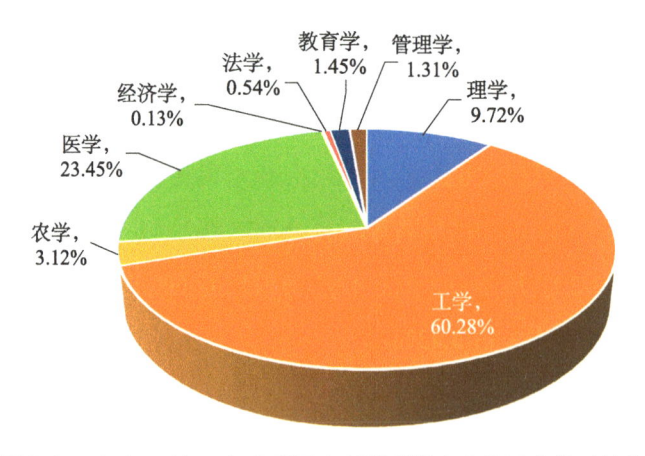

图 3-3　2020～2021 年本科层次新增科技人力资源的学科结构

- 教育学，1.45%
- 管理学，1.31%
- 法学，0.54%
- 经济学，0.13%
- 医学，23.45%
- 农学，3.12%
- 理学，9.72%
- 工学，60.28%

3. 2020～2021年研究生层次新增科技人力资源的学科结构

普通高校是培养研究生层次科技人力资源的主体，此外部分研究机构也承担了培养研究生层次科技人力资源的职能。按照国家2011年颁布的《授予博士、硕士学位和培养研究生的学科、专业目录》，学科门类分为哲学、经济学、法学、教育学、文学、历史学、理学、工学、农学、医学、军事学、管理学和艺术学13个大门类。

2020～2021年，研究生层次新增科技人力资源149.9万人。其中，理学、工学、农学、医学4个学科共培养87.0万人，占58.04%。13个学科门类中，工学培养的人数最多，为51.8万人；其次是管理学，为21.1万人；再次是医学，为16.9万人（表3-3）。

表3-3 2020～2021年研究生层次新增科技人力资源的专业分布（单位：万人）

学科门类	博士研究生	硕士研究生	合计
哲学	0.1	0.6	0.7
经济学	0.4	6.5	6.9
法学	0.6	9.4	10.0
教育学	0.2	10.6	10.8
文学	0.4	6.8	7.2
历史学	0.2	1.0	1.2
理学	2.9	9.1	12.0
工学	5.1	46.7	51.8
农学	0.6	5.7	6.3
医学	2.3	14.6	16.9
军事学	0.0	0.0	0.0

续表

学科门类	博士研究生	硕士研究生	合计
管理学	0.7	20.4	21.1
艺术学	0.1	4.9	5.0
总计	13.6	136.3	149.9

注：军事学毕业研究生总数少于500人，故在四舍五入后呈现为0.0。

从结构来看，工学新增研究生层次科技人力资源比例最高，占34.56%；其次是管理学，占14.08%；再次是医学，占11.27%（图3-4）。

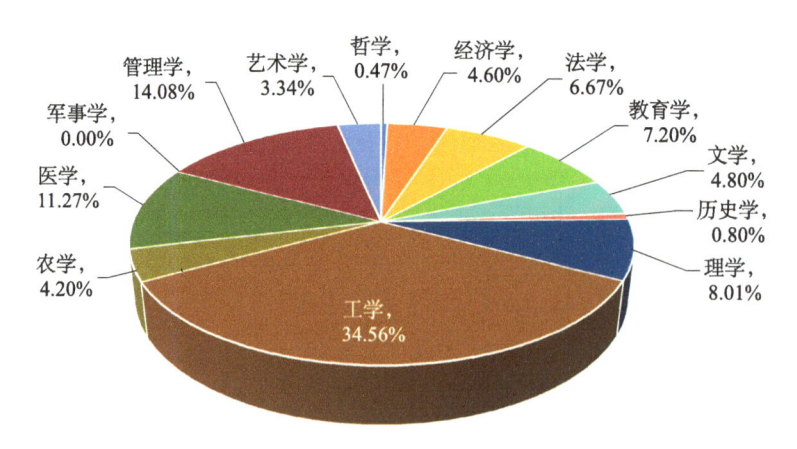

图3-4 2020～2021年研究生层次新增科技人力资源的学科结构

对比来看，在2020～2021年各学历层次新增科技人力资源中，工学占比均最高，尤其是专科层次占比达80%以上；本科层次医学培养的科技人力资源比例高于专科和研究生层次；理学由于理论性比较强，基本上不培养专科层次的学生；管理学发展迅速，管理学研究生层次新增的科技人力资源占比超过了医学和理学。

党的二十大报告指出，要"加强基础学科、新兴学科、交叉学科建设，加快建设中国特色、世界一流的大学和优势学科"。2023年，教育部等五部门印发《普通高等教育学科专业设置调整优化改革方案》，提出"到2025年，优化调整高校20%左右学科专业布点，新设一批适应新技术、新产业、新业态、新模式的学科专业，淘汰不适应经济社会发展的学科专业；基础学科特别是理科和基础医科本科专业点占比进一步提高"，并提出加强新工科、新医科、新农科、基础学科建设的若干举措。该政策将导致理工农医等学科的比例进一步提升，将对新增科技人力资源的学科结构产生影响。

第二节 截至2021年底科技人力资源的学科结构

与新增科技人力资源的学科结构分析一样，本节先将专科层次科技人力资源的专业大类大致还原为学科，呈现科技人力资源总量的学科结构，让读者有一个总体了解，随后呈现本科、专科、研究生层次科技人力资源存量的学科结构，以便于比较分析。

一、截至2021年底科技人力资源总量的学科结构

根据测算，截至2021年底，在我国科技人力资源存量中，核心学科培养

的科技人力资源占 81.53%[①]，外延学科培养的科技人力资源占 17.61%，其他学科占 0.86%。具体来看，工学培养的科技人力资源比例最高，占 57.42%；其次是医学，占 13.64%；再次是理学，占 7.00%（图 3-5）。

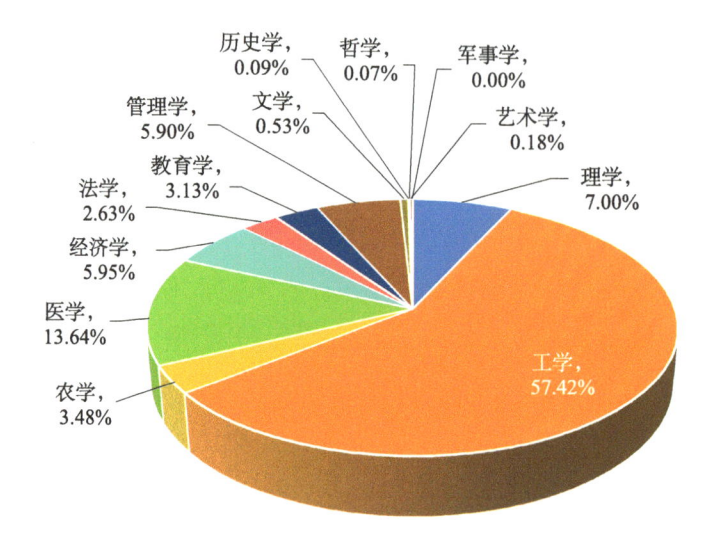

图 3-5　截至 2021 年底我国科技人力资源的学科结构

注：高自考、1985 年之前的成人高校、"专升本"等渠道没有分学科数据，故没有纳入科技人力资源学科结构测算。因此，本章列出的各学历层次科技人力资源累计总量数据也与以下章节数据有些微出入。

二、截至 2021 年底不同学历层次科技人力资源的学科结构

不同学历层次科技人力资源的学科结构体现了当前我国科技人力资源的质量。深入分析比较科技人力资源的学科结构，有助于今后更好地进行学科设置改革。

[①] 因数据四舍五入，计算所得数值有时与实际数值有些微出入，特此说明。

1. 专科层次理工农医培养的科技人力资源占 77.84%

截至 2021 年底，我国累计培养专科层次科技人力资源共 5267.2 万人（表3-4）。其中，核心学科 / 专业大类培养了 2342.7 万人，占 44.48%；外延学科 / 专业大类培养了 2924.5 万人，占 55.52%。

表 3-4 截至 2021 年底专科层次科技人力资源学科分布

学科门类	2012 年之前		2012～2015 年		2016～2021 年	
	学科	人数 / 万人	专业大类	人数 / 万人	专业大类	人数 / 万人
核心学科 / 专业大类	理学	104.5	交通运输	69.3	交通运输	155.2
	工学	1441.1	资源开发与测绘	28.4	能源动力与材料	29.9
	农学	95.7	材料与能源	21.0	水利	11.7
	医学	378.7	水利	7.2		
外延学科 / 专业大类	经济学	463.5	农林牧渔	34	农林牧渔	45.9
	法学	160.0	医药卫生	66.1	医药卫生	138.2
	教育学	189.1	生化与药品	34.1	生物与化工	24.9
	管理学	354.4	土建	159.6	土木建筑	250.2
			制造	203.5	装备制造	309.7
			电子与信息	154.3	电子与信息	284.2
					食品药品与粮食	23.2
					资源环境与安全	29.6
合计		3187.0		777.5		1302.7

将专业大类还原为学科后，截至 2021 年底，理工农医学科培养的专科层次科技人力资源占 77.84%，其中，工学培养的专科层次科技人力资源比例最高，占 61.46%；其次是医学，占 11.07%；经济学和管理学分别占 8.80% 和 6.73%（图3-6）。

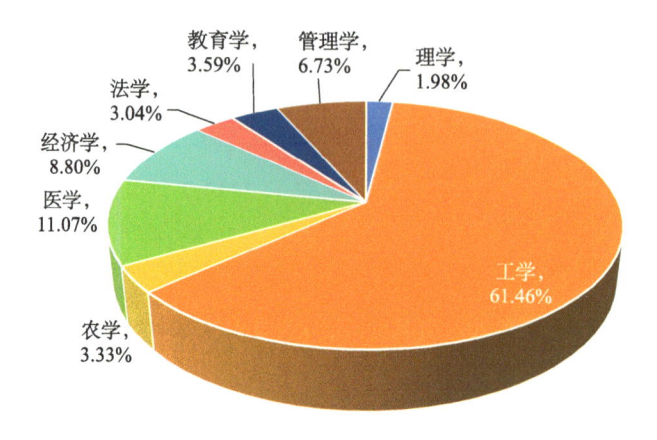

图 3-6　截至 2021 年底专科层次科技人力资源的学科分布

2. 本科层次理工农医培养的科技人力资源占 86.91%

根据测算，截至 2021 年底，本科层次培养科技人力资源 4954.3 万人（表 3-5）。其中，普通高校、成人高校、网络高等教育分别培养 3697.1 万人、894.1 万人和 363.1 万人。从学科来看，核心学科培养的科技人力资源为 4305.6 万人，占 86.91%；外延学科培养的科技人力资源为 648.7 万人，占 13.09%。与 2019 年相比，核心学科培养的科技人力资源比例下降了 1.67 个百分点。

表 3-5　截至 2021 年底本科层次科技人力资源学科分布

学科门类		普通高校/万人	成人高校/万人	网络高等教育/万人	合计 人数/万人	占比/%
核心学科	理学	527.9	74.9	14.3	617.1	86.91
	工学	2132.9	353.5	196.3	2682.7	
	农学	151.8	23.4	7.7	182.9	
	医学	435.7	317.6	69.6	822.9	

第三章 我国科技人力资源的学科结构

续表

学科门类		普通高校/万人	成人高校/万人	网络高等教育/万人	合计 人数/万人	占比/%
外延学科	经济学	117.9	21.3	11.2	150.4	13.09
	法学	59.9	27.5	23.4	110.8	
	教育学	103.1	28.2	2.8	134.1	
	管理学	167.9	47.7	37.8	253.4	
合计		3697.1	894.1	363.1	4954.3	100.00

注：①高自考、1985年之前的成人高校、"专升本"等渠道没有分学科数据，故没有纳入科技人力资源学科结构测算；②此数据假设本科与硕博阶段所学学科一致，不考虑跨学科因素，故直接扣除了硕士研究生数据。

如图3-7所示，在8个学科门类中，工学培养的科技人力资源比例最高，占54.15%；其次是医学，占16.61%；再次是理学，占12.46%。在外延学科中，管理学和经济学培养的科技人力资源比例较高，分别占5.11%和3.04%。

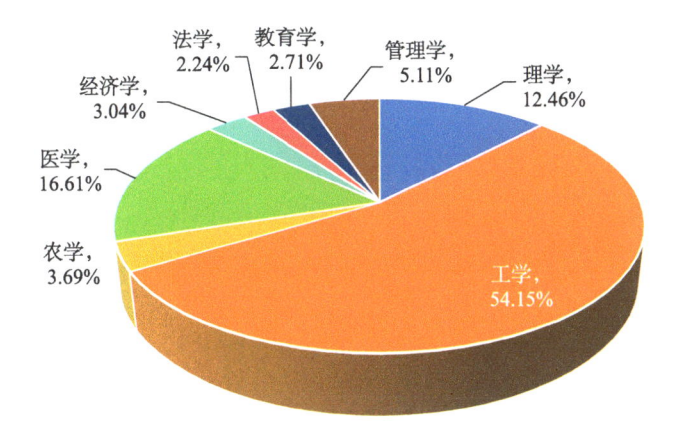

图3-7 截至2021年底本科层次科技人力资源的学科分布

3. 研究生层次理工农医培养的科技人力资源占 58.96%

截至 2021 年底，我国研究生层次的科技人力资源中，理工农医培养的科技人力资源占 58.96%。具体来看，工学培养的科技人力资源占比最高，为 35.62%；其次是管理学，为 12.41%；再次是医学，为 10.65%（图 3-8）。

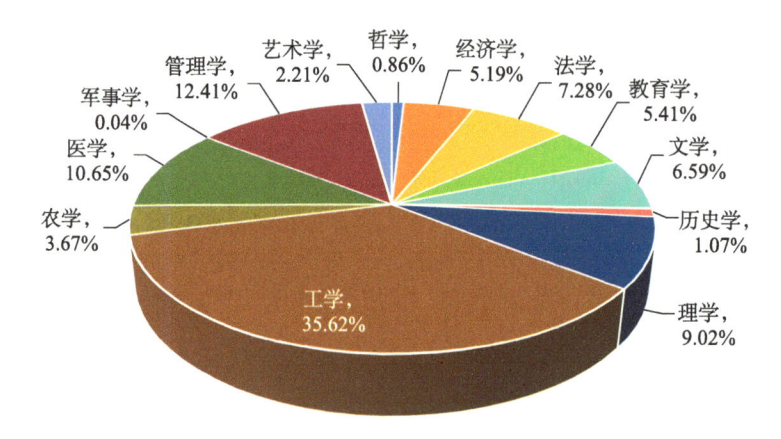

图 3-8 截至 2021 年底研究生层次科技人力资源的学科分布

从数据可以看出，我国核心学科累计培养的科技人力资源占总量的比例超过 4/5，其中本科层次这一比例最高。在各学历层次科技人力资源中，工学占比均最高。

第三节 科技人力资源学科结构的国际比较

对科技人力资源的学科与专业结构进行国际比较，有助于更好地审视我国科技人力资源的学科结构，为科技人力资源培养和发展政策的制定与实施提供参照。本报告选择中国、澳大利亚、奥地利、比利时、加拿大、丹麦、芬兰、法国、德国、意大利、日本、韩国、荷兰、挪威、西班牙、瑞典、瑞士、英国、美国和巴西等国家，对其2020年毕业生的学科数据进行比较。

一、我国本科层次核心学科科技人力资源培养总量和占比居世界前列

2020年，我国本科层次新增核心学科科技人力资源294.86万人，位居第一；其次为美国，新增84.56万人；再次为巴西，新增45.82万人（图3-9）。

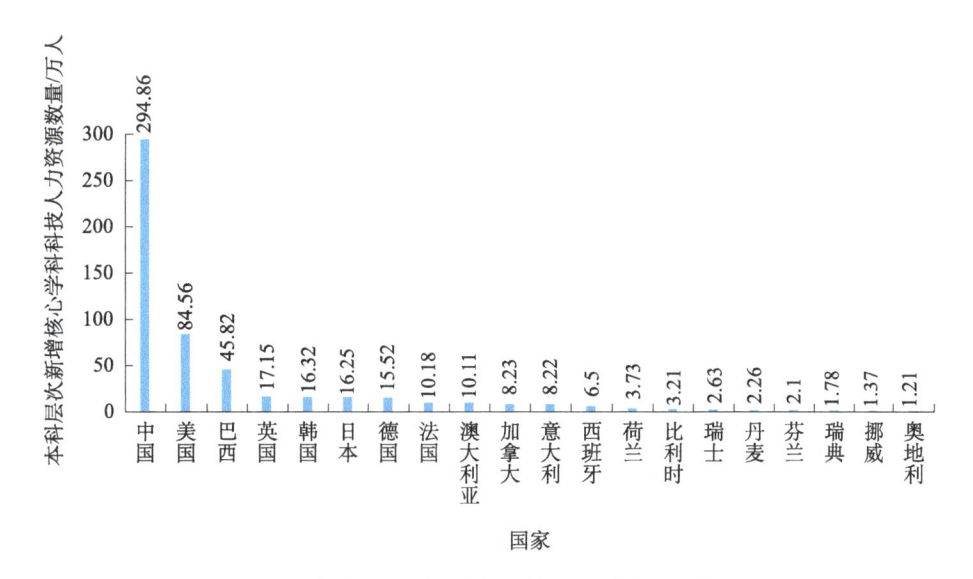

图 3-9 2020年各国本科层次新增核心学科科技人力资源数量

注：中国数据根据《中国教育统计年鉴》中的本科层次理工农医学科毕业生数据汇总计算，其他国家数据根据OECD数据库中的各国本科层次理工农医有关学科数据汇总计算。

从本科层次毕业生的学科结构来看，各国本科层次核心学科毕业生占比都在30%以上（图3-10）。其中，最高的是芬兰，占53.42%；其次是丹麦，为50.05%；我国为47.92%，位列第三；较低的是西班牙、意大利和日本。

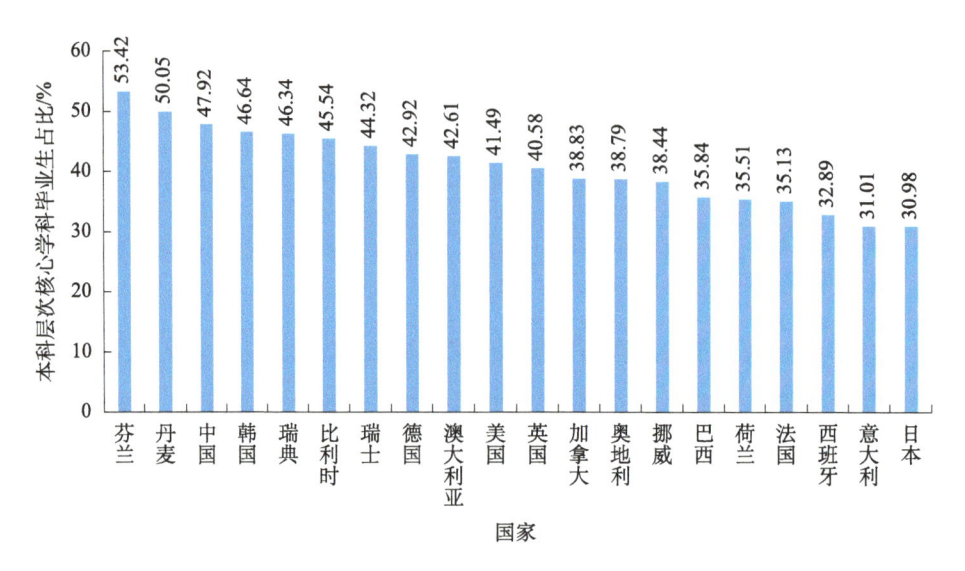

图 3-10　2020 年各国本科层次核心学科毕业生占比情况

注：中国数据为普通高校数据，不包括成人高校、网络高等教育和高自考数据。中国数据根据《中国教育统计年鉴》数据计算，其他国家数据来源于OECD数据库。

分学科来看（表3-6），加拿大和英国培养的理学毕业生比例最高，分别为12.07%和12.03%；OECD平均为5.39%；中国为6.52%，处于中间水平。中国培养的工学毕业生比例最高，达32.85%；其次是德国，为31.28%；再次是韩国，为25.85%，OECD平均为17.85%。日本培养的农学毕业生比例相对较高，为3.21%；巴西、芬兰、意大利分别为2.38%、2.24%和2.10%；其他国家（组织）在2%以下；OECD平均为1.49%；中国为1.69%。丹麦培养的医学毕业生比例最高，达29.39%；其次是瑞典，为27.03%；再次为比利时，为26.77%；OECD平均为14.71%；中国为6.86%，相对于其他国家来说，比例较低。

表 3-6　2020 年各国（组织）本科层次理工农医毕业生占毕业生总数的比例（%）

国别（组织）	理学	工学	农学	医学	合计
澳大利亚	7.25	12.49	0.65	22.23	42.61
奥地利	8.45	18.72	0.53	11.09	38.79
比利时	2.78	14.08	1.90	26.77	45.54
巴西	1.00	15.86	2.38	16.60	35.84
加拿大	12.07	13.74	0.61	12.42	38.84
中国	6.52	32.85	1.69	6.86	47.92
丹麦	4.41	15.42	0.83	29.39	50.05
芬兰	3.78	23.71	2.24	23.69	53.42
法国	10.09	10.99	0.49	13.56	35.13
德国	4.56	31.28	1.74	5.34	42.92
意大利	6.71	13.39	2.10	8.80	31.00
日本	3.33	16.35	3.21	8.09	30.98
韩国	5.71	25.85	1.52	13.55	46.63
荷兰	5.21	11.95	1.06	17.29	35.51
挪威	2.83	11.62	0.81	23.17	38.44
西班牙	6.62	13.35	0.74	12.19	32.90
瑞典	3.38	15.27	0.66	27.03	46.34
瑞士	4.20	20.00	1.26	18.86	44.32
英国	12.03	13.34	0.97	14.24	40.58
美国	10.64	12.95	1.12	16.78	41.49
OECD 平均	5.39	17.85	1.49	14.71	39.44

注：中国数据为普通高校数据，不包括成人高校、网络高等教育和高自考数据。中国数据根据《中国教育统计年鉴》数据计算，其他国家（组织）数据来源于 OECD 数据库。国别按国家英文名称排序，下同。

中国科技人力资源发展研究报告
（2022）

二、我国研究生层次核心学科科技人力资源培养总量和占比居世界前列

按照研究方法，研究生层次毕业生全部纳入科技人力资源。综合来看，我国培养的研究生层次科技人力资源中属于核心学科的比例在世界上处于较高水平。

1. 2020 年我国培养的硕士研究生层次科技人力资源中属于核心学科的占 55.43%

2020 年，美国培养硕士研究生层次科技人力资源 96.0 万人，中国培养 66.2 万人。从各国培养的硕士层次科技人力资源中属于核心学科的比例来看，日本最高，为 74.21%；中国次之，为 55.43%（图 3-11）。

图 3-11　2020 年各国硕士研究生层次科技人力资源数量及核心学科占比

注：中国数据根据《中国教育统计年鉴》数据计算，其他国家数据来源于 OECD 数据库。

第三章 我国科技人力资源的学科结构

分学科来看（表3-7），巴西和德国培养的理学硕士研究生比例在10%以上，分别为11.40%和11.20%，中国为6.71%，处于中间水平。中国培养的工学硕士研究生比例最高，达34.15%；其次是日本，为32.40%；再次是瑞典26.07%；澳大利亚、芬兰、德国和挪威等国家保持在20%以上。巴西培养的农学硕士研究生比例相对较高，为7.09%；其次是日本，为5.26%；再次是中国，为4.05%，其他国家多数在2%以下。日本培养的医学硕士研究生比例最高，达27.36%；其次是美国，为26.40%；再次是比利时，为21.67%，西班牙和瑞典也在20%以上，分别为20.90%和20.54%；中国为10.53%，处于中间水平。

表3-7 2020年各国硕士研究生层次核心学科毕业生占毕业生总数的比例（%）

国家	理学	工学	农学	医学	合计
澳大利亚	2.62	25.61	0.53	14.19	42.95
奥地利	6.94	18.06	1.12	11.85	37.97
比利时	5.22	14.28	2.13	21.67	43.30
巴西	11.40	15.70	7.09	15.25	49.44
加拿大	8.14	18.20	1.39	19.64	47.37
中国	6.71	34.15	4.05	10.53	55.43
丹麦	8.31	19.72	1.36	10.45	39.84
芬兰	6.74	20.98	2.44	12.14	42.30
法国	8.53	19.00	1.15	14.40	43.08
德国	11.20	23.98	1.61	8.36	45.15
意大利	7.69	16.84	2.24	17.93	44.70
日本	9.19	32.40	5.26	27.36	74.21

续表

国家	理学	工学	农学	医学	合计
韩国	4.89	17.45	1.36	13.48	37.18
荷兰	9.74	11.95	1.21	9.90	32.80
挪威	7.12	20.08	1.20	13.07	41.46
西班牙	4.28	12.17	1.58	20.90	38.93
瑞典	4.63	26.07	0.71	20.54	51.95
瑞士	9.11	15.38	1.40	9.27	35.15
英国	5.25	12.51	0.62	10.24	28.62
美国	4.88	11.84	0.70	26.40	43.82

注：中国数据根据《中国教育统计年鉴》数据计算，其他国家数据来源于OECD数据库。

2. 2020年我国培养的博士研究生层次科技人力资源中属于核心学科的占78.34%

2020年，美国培养博士研究生层次科技人力资源73 505人，位居第一；其次是中国，培养66 176人；再次是英国，培养28 442人，德国和巴西的培养量也在2万人以上。从各国培养的科技人力资源中属于核心学科的比例来看，瑞典为82.51%，位居第一；其次是丹麦，为82.11%；再次是日本，为79.85%；接着是中国，为78.34%（图3-12）。

分学科来看（表3-8），法国培养的理学博士研究生比例最高，达34.01%；其次是瑞士，为29.76%；德国、意大利、加拿大、英国、挪威、西班牙、美国、澳大利亚、比利时和中国均在20%以上。中国培养的工学博士研究生比例最高，达36.39%；其次是瑞典，为30.99%；再次是奥地利，为30.26%；韩国、意大利、丹麦、加拿大、比利时、澳大利亚、芬兰和日本均

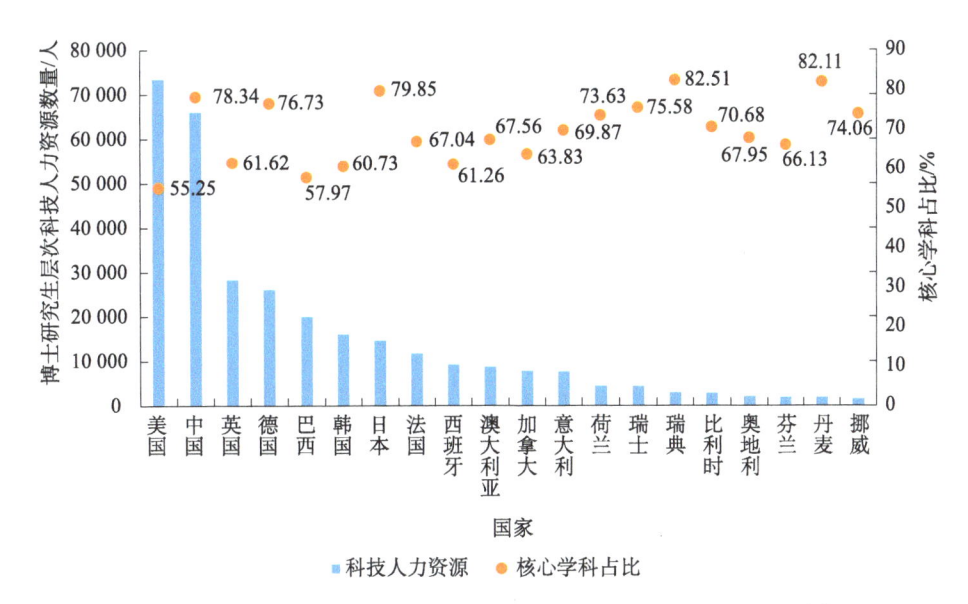

图 3-12 2020 年各国博士研究生层次科技人力资源数量及核心学科占比

注：中国数据根据《中国教育统计年鉴》数据计算，其他国家数据来源于 OECD 数据库。

在 20% 以上。巴西培养的农学博士研究生比例较高，为 10.37%；其次是荷兰，为 7.07%；再次是丹麦，为 6.56%；中国位列第七，为 4.76%。日本培养的医学博士研究生比例最高，达 39.33%；其次是丹麦，为 34.09%；再次是荷兰，为 34.03%；挪威、瑞典、德国、瑞士、芬兰和比利时均在 20% 以上；中国为 16.07%。

表 3-8 2020 年各国博士研究生层次核心学科毕业生占毕业生总数的比例（%）

国家	理学	工学	农学	医学	合计
澳大利亚	22.28	23.46	3.91	17.91	67.56
奥地利	19.71	30.26	3.74	14.24	67.95
比利时	21.21	23.63	5.15	20.69	70.68
巴西	13.20	16.18	10.37	18.22	57.97

续表

国家	理学	工学	农学	医学	合计
加拿大	27.80	24.11	2.46	9.46	63.83
中国	21.12	36.39	4.76	16.07	78.34
丹麦	16.68	24.78	6.56	34.09	82.11
芬兰	17.89	21.94	4.47	21.83	66.13
法国	34.01	19.66	1.41	11.96	67.04
德国	28.93	16.17	3.05	28.58	76.73
意大利	28.23	25.02	4.85	11.77	69.87
日本	13.19	21.28	6.05	39.33	79.85
韩国	12.94	29.76	2.33	15.70	60.73
荷兰	18.45	14.08	7.07	34.03	73.63
挪威	26.53	12.55	1.82	33.16	74.06
西班牙	24.94	16.45	2.98	16.89	61.26
瑞典	19.76	30.99	1.77	29.99	82.51
瑞士	29.76	16.40	2.56	26.86	75.58
英国	26.77	18.49	0.82	15.54	61.62
美国	23.16	18.90	1.54	11.65	55.25

注：中国数据根据《中国教育统计年鉴》数据计算，其他国家数据来源于OECD数据库。

三、我国专科层次核心学科毕业生占比居世界前列

由于专科层次毕业生折算成科技人力资源的系数较小且十分复杂，因

此这里仅对专科毕业生的学科结构进行比较分析。2020年，挪威专科层次核心学科毕业生占毕业生总数的比例最高，为61.48%；其次是中国，为57.95%；再次是比利时，为56.17%。半数国家的比例保持在40%～50%。分学科来看（表3-9），各国专科层次培养理学科技人力资源比例均很低，其中美国最高，为4.98%；挪威培养工学科技人力资源比例最高，为58.57%；其次是中国，为42.75%；德国培养农学科技人力资源比例最高，为13.84%，其他国家均不超过5%；比利时培养医学科技人力资源比例最高，为47.17%。

表3-9 2020年各国专科层次核心学科毕业生占毕业生总数的比例（%）

国家	理学	工学	农学	医学	合计
澳大利亚	0.79	13.35	0.52	13.15	27.81
奥地利	0.03	38.26	2.65	3.08	44.02
比利时	0.61	8.39	0.00	47.17	56.17
加拿大	3.02	22.37	1.49	17.98	44.86
中国	0.00	42.75	1.67	13.53	57.95
丹麦	0.09	21.76	1.53	2.86	26.24
法国	4.03	24.40	3.90	10.78	43.11
德国	0.00	28.07	13.84	7.39	49.3
日本	0.00	15.8	0.93	23.99	40.72
韩国	0.62	29.34	1.14	22.64	53.74
荷兰	0.00	11.35	1.05	14.24	26.64

续表

国家	理学	工学	农学	医学	合计
挪威	1.21	58.57	0.13	1.57	61.48
西班牙	1.04	24.72	0.99	20.97	47.72
瑞典	0.30	38.62	2.03	6.16	47.11
英国	4.15	15.50	1.42	20.10	41.17
美国	4.98	9.57	1.13	18.45	34.13

注：中国数据根据《中国教育统计年鉴》数据计算，其他国家数据来源于OECD数据库。根据OECD数据，巴西专科毕业生不足200人，瑞士不足300人，故各学科比例不予计算。

第四节 小 结

我国科技人力资源的学科与专业结构总体上呈现以下特征。

一、新增科技人力资源中核心学科占九成以上

2020～2021年新增科技人力资源1246.9万人（不包括高自考），理工农医学科占93.22%。其中，工学培养科技人力资源最多，为834.1万人，占66.89%；其次是医学，为214.2万人，占17.18%；再次是理学，为73.0万人，占5.85%。从学历层次来看，2020～2021年所有层次培养的科技人力资源中，工学占比均最高，尤其是专科层次，比例远高于本科与研究生层次；本

科层次培养的医学科技人力资源比例高于专科和研究生层次;理学作为理论性比较强的学科,基本不在专科层次培养。

二、核心学科培养的科技人力资源占存量的八成以上

截至 2021 年底,我国科技人力资源存量中,核心学科培养的科技人力资源占 81.53%,外延学科培养的科技人力资源占 17.61%,其他学科占 0.86%。具体来看,工学培养的科技人力资源比例最高,占 57.42%;其次是医学,占 13.64%;再次是理学,占 7.00%。总体来看,在各学历层次的科技人力资源中,工学占比均最高。未来,随着国家教育政策的调整和新工科、新农科、新医科、基础学科的建设,核心学科科技人力资源的重要性将进一步凸显。

三、我国核心学科科技人力资源培养数量和比例位居世界前列

与主要 OECD 国家相比,从数量来看,2020 年,我国新增本科层次核心学科科技人力资源 294.86 万人,位居第一;新增硕士研究生层次核心学科科技人力资源 36.72 万人,位居第二,仅次于美国;新增博士研究生层次核心学科科技人力资源 5.18 万人,位居第一。从学科结构来看,我国专科层次核心学科科技人力资源比例为 57.95%,仅次于挪威,其中工学培养比例为 42.75%,亦仅次于挪威;我国本科层次核心学科科技人力资源比例为 47.92%,次于芬兰和丹麦,其中工学培养比例为 32.85%,位居第一;我国硕士研究生层次核心学科科技人力资源比例为 55.43%,仅次于日本,其中工

学培养比例为 34.15%，位居第一；我国博士研究生层次核心学科科技人力资源比例为 78.34%，仅低于瑞典、丹麦和日本，其中工学培养比例为 36.39%，位居第一。总体来看，我国本科及以上层次核心学科科技人力资源培养数量和比例均居于世界前列，其中工学培养占比均位居世界第一。

第四章

我国科技人力资源的学历结构

学历是衡量人口素质的重要指标。一般而言，科技研发工作通常由拥有较高层次学历的人员承担，学历层次越高，意味着从事科技相关工作、实现高层次科技创新的可能性就越大[①]。学历结构的合理性是衡量一个国家科技人力资源总体质量的重要指标，深入分析我国科技人力资源的学历结构及动态变化，对监测并提升我国科技人力资源的总体质量具有十分重要的意义。本章从"资格"角度出发，对我国科技人力资源的学历结构进行分析。

第一节 2020～2021年新增科技人力资源的学历结构

根据《中华人民共和国高等教育法》，目前我国国民教育系列的高等学历教育可分为专科教育、本科教育和研究生教育三个层次，其中研究生教育又可分为硕士研究生和博士研究生两个阶段。根据第一章确立的方法和第三章的测算结果，本节对2020～2021年新增科技人力资源的学历结构进行分析。

一、2020～2021年新增科技人力资源的学历分布

2020～2021年，我国新增各层次科技人力资源共计约1266.2万人[②]。其中，

---

① 李国富，汪宝进. 科技人力资源分布密度与区域创新能力的关系研究 [J]. 科技进步与对策，2011，28(1): 144-148.

② 本章数据包括高自考数据，因此与第三章学科结构中提及的数据有一定差别。

专科层次新增约 473.7 万人，占 37.41%；本科层次新增约 642.4 万人，占 50.73%；研究生层次新增约 150.1 万人，占 11.85%（图 4-1）。在研究生层次中，硕士研究生新增 136.3 万人，博士研究生新增 13.8 万人。可以看出，本科层次新增科技人力资源的比例已经超过专科，在新增科技人力资源的总数中占到一半以上。

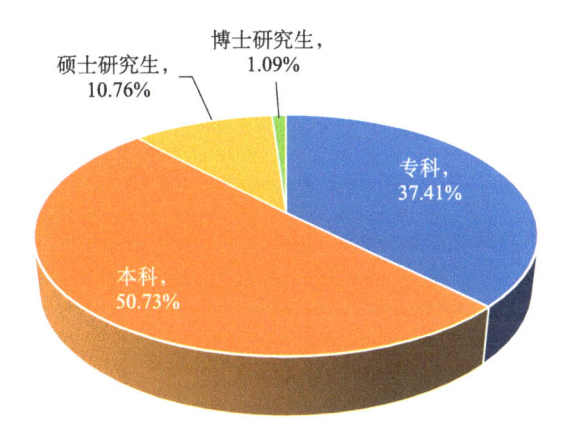

图 4-1　2020～2021 年新增科技人力资源的学历分布

注：因数据四舍五入，加和不一定为 100%，后同。

从培养渠道看，普通高校是科技人力资源的主要培养渠道。2020～2021 年，普通高校累计培养了 100% 研究生层次、65.41% 本科层次和 78.47% 专科层次的科技人力资源；成人高校培养了 21.92% 本科层次和 9.82% 专科层次的科技人力资源；网络高等教育培养了 10.40% 本科层次和 10.72% 专科层次的科技人力资源；高自考培养了 2.27% 本科层次和 0.99% 专科层次的科技人力资源。

二、新增科技人力资源学历结构的国际比较

与其他主要国家相比，2020 年新增的科技人力资源中，中国专科层次科

技人力资源所占比例最高，为39.44%，其次是加拿大，为23.68%；其他国家专科层次科技人力资源的比例均在20%以下。巴西本科层次科技人力资源所占比例最高，为85.12%；其次是韩国，为53.77%；再次是日本，为50.66%。意大利培养的硕士研究生层次科技人力资源所占比例最高，为65.63%；其次是法国，为64.44%；再次是西班牙，为59.6%；中国为14.62%，远低于发达国家。瑞士培养的博士层次科技人力资源所占比例最高，为7.81%；其次是德国，为6.73%；再次是英国，为5.68%；中国为1.46%，与发达国家的差距较大（图4-2）。可以看出，发达国家本科层次以上的科技人力资源占了新增科技人力资源的绝大部分。

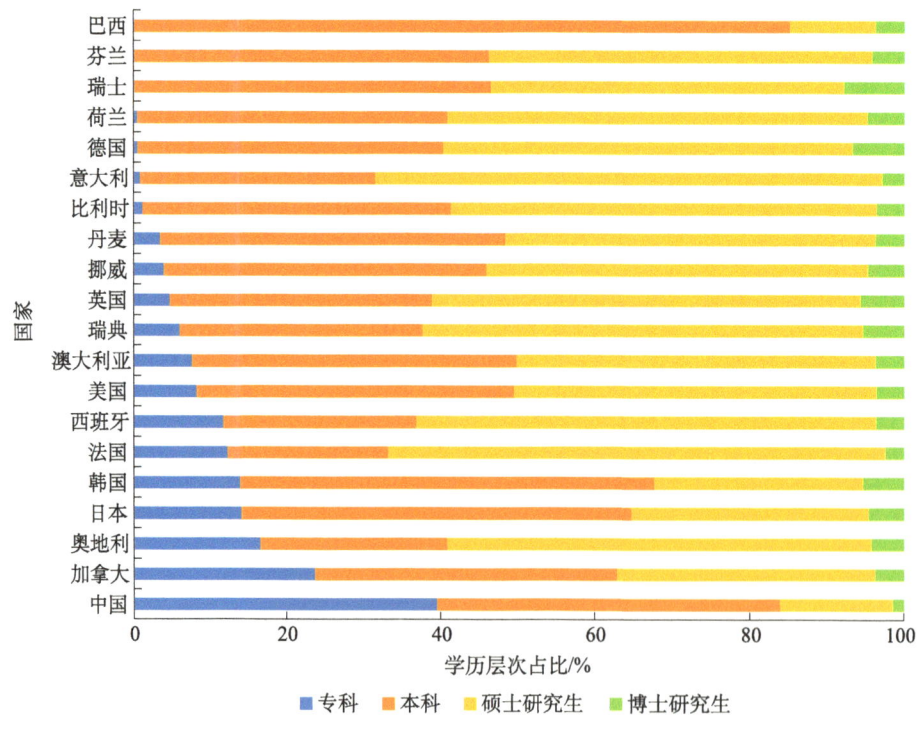

图4-2 2020年各国新增科技人力资源的学历结构

注：数据由课题组根据OECD数据库中的数据测算得出。

第二节 截至2021年底科技人力资源的学历结构

由于死亡、专升本和出国留学数据缺乏学历层次的具体数据，因此我们在分析科技人力资源存量的学历结构时暂时不考虑这些因素，仅从符合"资格"条件的人群的分析来对我国科技人力资源的学历结构进行推算。

截至2021年底，我国拥有符合"资格"条件的科技人力资源11 076.4万人[①]。其中，专科层次5779.9万人，占52.18%；本科层次4472.0万人，占40.38%；硕士研究生层次722.4万人，占6.52%，博士研究生层次102.1万人，占0.92%（图4-3）。与2019年相比，专科层次科技人力资源比例下降了1.04个百分点，本科层次比例提升了0.51个百分点，研究生层次比例提升了0.53个百分点。由此可见，截至2021年底，我国科技人力资源依然以专科层次为主，本科层次次之，研究生层次最少，学历结构呈金字塔形分布。

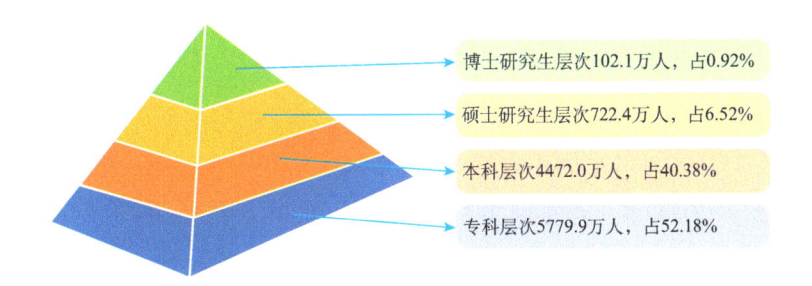

图4-3 截至2021年底我国科技人力资源的学历结构

[①] 《研究报告（2020）》中的2020年新增科技人力资源采用了预计毕业生数进行测算，本报告用毕业生实数进行了修正，因此本报告的数据与《研究报告（2020）》中的数据略有不同。

从培养渠道看，普通高校是科技人力资源的主要培养渠道。截至2021年底，普通高校累计培养了100%研究生层次、66.23%本科层次和58.37%专科层次的科技人力资源；成人高校培养了20.0%本科层次和31.01%专科层次的科技人力资源；高自考培养了5.65%本科层次和4.96%专科层次的科技人力资源；网络高等教育培养了8.12%本科层次和5.66%专科层次的科技人力资源。

截至2021年，专科层次科技人力资源中，普通高校培养的比例比2019年提升了1.77个百分点，成人高校培养的比例下降了1.89个百分点，高自考培养的比例下降了0.34个百分点，网络高等教育培养的比例提升了0.46个百分点。本科层次科技人力资源中，普通高校培养的比例比2019年下降了1.37个百分点，成人高校培养的比例提升了1.05个百分点，高自考培养的比例下降了0.35个百分点，网络高等教育培养的比例提升了0.66个百分点。可以看出，无论是本科还是专科层次，高等教育自学考试的作用在逐渐降低，而网络高等教育发挥的作用有所提升。

第三节 科技人力资源学历结构的变化趋势

2015～2021年，每年新增科技人力资源中，专科层次比例呈下降趋势，本科层次比例基本保持稳定，研究生比例呈上升趋势。各学历层次新增科技人力资源的年均增长率分别为：专科3.07%、本科3.36%、硕士研究生5.86%、博士研究生4.91%。2015～2021年，每年新增专科层次科技人力资源占比从38.61%降至37.5%，研究生层次科技人力资源占比从10.4%

第四章
我国科技人力资源的学历结构

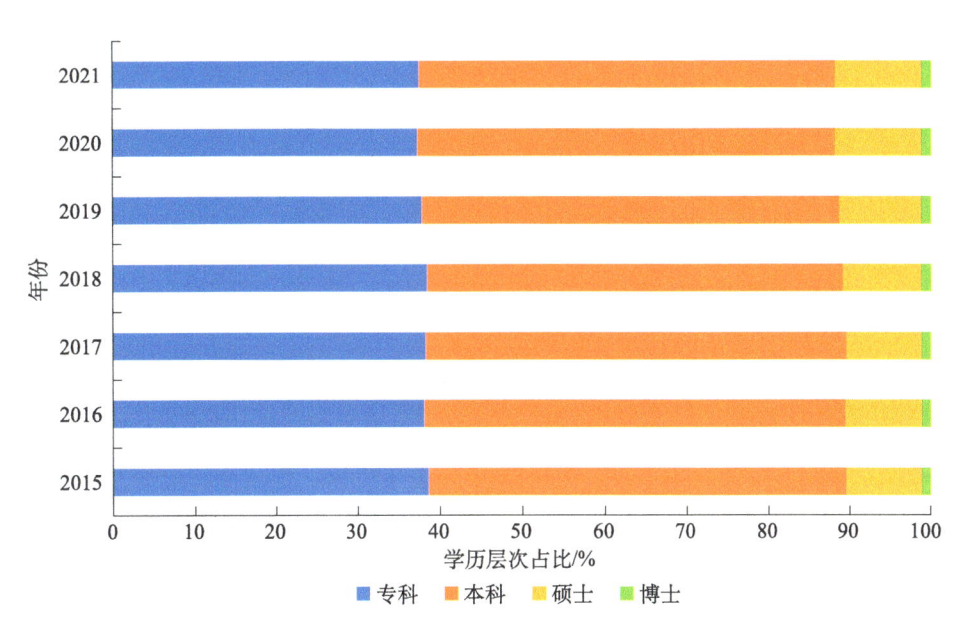

提升到 11.9%（图 4-4）。

图 4-4　2015～2021 年新增科技人力资源的学历结构变化

2015～2021 年，我国科技人力资源存量的学历结构重心一直在提升。2015 年，我国专科层次科技人力资源占科技人力资源存量的 56.54%，本科层次占 37.61%，硕士研究生层次占 5.05%，博士研究生层次占 0.80%[1]。与 2015 年相比，2021 年我国专科层次科技人力资源的比例下降了 4.36 个百分点，本科层次科技人力资源的比例上升了 2.77 个百分点，硕士研究生层次科技人力资源的比例上升了 1.47 个百分点，博士研究生层次科技人力资源的比例上升了 0.12 个百分点（表 4-1）。

---

[1] 中国科协调研宣传部，中国科协创新战略研究院. 中国科技人力资源发展研究报告——科技人力资源与创新驱动［M］. 北京：清华大学出版社，2018：51.

表 4-1　我国科技人力资源存量的学历结构变化（%）

年份	专科	本科	硕士	博士
2015	56.54	37.61	5.05	0.80
2017	54.37	39.21	5.57	0.85
2019	53.22	39.87	6.02	0.89
2021	52.18	40.38	6.52	0.92

基于历史基数的原因，尽管当前我国科技人力资源存量的学历层次仍以专科为主，但近几年本科层次科技人力资源新增数量与增速均超过专科（图4-5），加上国家致力于建立各级各类教育相互衔接、相互沟通的教育体系，近年来超过 15% 的专科毕业生升入本科。可以预见，未来本科层次科技人力资源的比例将进一步提升，逐步成为我国科技人力资源的主体。2022 年，全国共有在读研究生 365.4 万人，比 2012 年增加一倍。研究生基数虽然较小，但一直稳定增长，这将进一步优化我国科技人力资源的学历结构。

图 4-5　2015～2021 年我国不同学历层次科技人力资源数量变化情况

第四节 小　　结

我国科技人力资源的学历结构总体呈现以下特点。

一、我国科技人力资源学历结构呈金字塔形分布

截至 2021 年底，我国拥有符合"资格"条件的科技人力资源 11 076.4 万人。其中，专科层次 5779.9 万人，占 52.18%；本科层次 4472.0 万人，占 40.38%；硕士研究生层次 722.4 万人，占 6.52%；博士研究生层次 102.1 万人，占 0.92%。由此可见，我国科技人力资源依然以专科层次为主，本科层次次之，研究生层次最少，学历结构呈金字塔形分布。

二、我国科技人力资源的学历层次重心将进一步提升

与 2015 年相比，2021 年专科层次科技人力资源存量的比例下降了 4.36 个百分点，本科层次科技人力资源的比例上升了 2.77 个百分点，硕士研究生层次科技人力资源的比例上升了 1.47 个百分点，博士研究生层次科技人力资源的比例上升了 0.12 个百分点。可以看出，科技人力资源存量的学历层次得到了提升。未来，随着本科层次科技人力资源新增数量和增速均超过专科，以及在教育"立交桥"的建设进程中"专升本"比例的进一步提升，可以预

见本科层次科技人力资源将成为主体，而研究生层次科技人力资源的稳定增长，也将进一步提升我国科技人力资源的学历层次重心。

三、国际比较中，我国新增科技人力资源的学历层次重心还相对较低

从其他主要国家 2020 年新增的科技人力资源来看，发达国家科技人力资源普遍以本科及以上层次科技人力资源为主体，几乎所有发达国家的专科层次科技人力资源占比均在 20% 以下，美国、英国、德国等均在 10% 以下。相比而言，我国新增科技人力资源中的专科层次占比较高，硕士研究生和博士研究生层次新增科技人力资源占比远低于发达国家。可以看出，我国新增科技人力资源的学历层次重心仍相对较低，整体学历水平还有待提升。

第五章

我国科技人力资源的年龄与性别结构

年龄和性别结构均是反映科技人力资源群体特征的重要指标，良好的年龄和性别结构有利于科技人力资源更好地发挥作用。研究表明，科学创造存在成果产出的最佳年龄和黄金时期，中青年是科学创造的最佳年龄、出成果的黄金时代，许多独创性的科学发现和技术发明多出自中青年科学家[1]。年龄构成状况在一定程度上体现出科技人力资源潜在的适应能力和创新能力，也会对总量的变化趋势产生影响。此外，研究表明，性别多样化可以提升组织的生产力、创新能力以及决策能力[2]。世界各国开始普遍重视女性在科技领域的参与程度、潜能发挥程度，"性别创新"成为一个重要概念。对科技人力资源的年龄与性别结构进行研究，有助于了解我国科技人力资源的整体特征与创造潜力，为更好地制定科技和人才政策提供决策依据。本章从"资格"角度出发，对我国科技人力资源的年龄与性别结构进行测算与分析。

第一节 截至2021年底科技人力资源的年龄结构

本节通过预设高等教育毕业生的平均年龄，推算出科技人力资源年龄结构的近似结果。测算结果显示，我国科技人力资源总体上继续保持以中青年

---

[1] 姜莹，韩伯棠，张平淡. 科学发现的最佳年龄与我国科技人力资源的年龄结构[J]. 科技进步与对策，2003，20（17）：22-23.

[2] Stanley M. An Investor's Guide to Gender Diversity [EB/OL]. https://www.morganstanley.com/ideas/gender-diversity-investorguide [2017-01-17]. 转引自：张丽琍，李乐旋. 女性科技人员发展问题成因研究综述[J]. 中华女子学院学报，2020（3）：59-65.

第五章
我国科技人力资源的年龄与性别结构

为主的态势。

一、科技人力资源总量的年龄结构

为了与国际通用做法保持一致，采用OECD发布的《科技人力资源指标测量手册》[①]中的年龄阶段划分方法。测算结果显示，截至2021年底，我国科技人力资源中，18～29岁的有3852.7万人，占34.78%；30～39岁的有4021.7万人，占36.31%；40～49岁的有2036.7万人，占18.39%；50～59岁的有824.7万人，占7.45%；60～72岁的有340.5万人，占3.07%（表5-1和图5-1）。可以看出，我国科技人力资源仍然以中青年为主，39岁及以下的人群占总量的71.09%，49岁及以下的人群占总量的89.48%，50岁及以上的科技人力资源仅为10.52%。

表5-1 截至2021年底各学历层次科技人力资源年龄段分布情况（单位：万人）

年龄段/岁	合计	专科	本科及以上
18～29	3 852.7	1 778.8	2 073.9
30～39	4 021.7	1 996.4	2 025.3
40～49	2 036.7	1 283.0	753.7
50～59	824.7	529.9	294.8
60～72	340.5	191.8	148.7
总计	11 076.3	5 779.9	5 296.4

---

① Measurement of Scientific and Technological Activities: Manual on the Measurement of Human Resources Devoted to S & T, - Canberra Manual OECD［EB/OL］. https://www.oecd-ilibrary.org/science-and-technology/measurement-of-scientific-and-technological-activities_9789264065581-en［2024-07-04］.

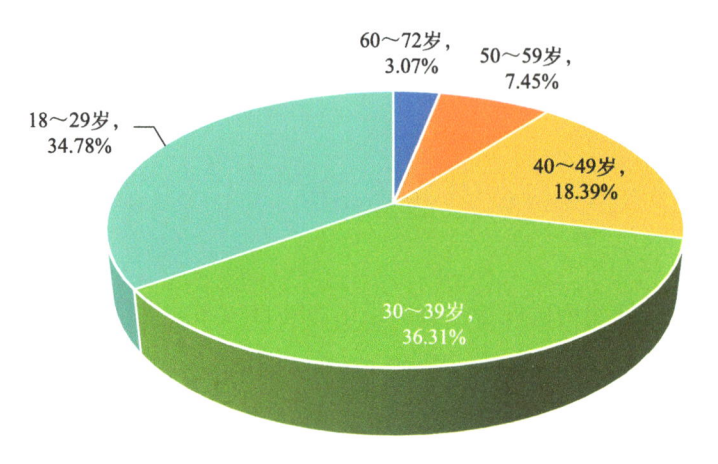

图 5-1 截至 2021 年我国科技人力资源总量的年龄结构

与 2019 年相比，40～49 岁、50～59 岁的科技人力资源占比分别提高了 2.23 个百分点和 0.11 个百分点，29 岁及以下的科技人力资源占比下降了 1.99 个百分点，30～39 岁的科技人力资源占比下降了 0.81 个百分点。

二、不同学历层次科技人力资源的年龄结构

对不同学历层次科技人力资源的年龄结构进行分析，有助于预判科技人力资源整体发展趋势，为制定科技人力资源发展相关政策服务。

1. 本科及以上学历层次科技人力资源中 39 岁及以下占 77.40%

在本科及以上学历层次科技人力资源中，18～29 岁的有 2073.9 万人，占 39.16%；30～39 岁的有 2025.3 万人，占 38.24%；40～49 岁的有 753.7 万人，占 14.23%；50～59 岁的有 294.8 万人，占 5.57%；60～72

岁的有 148.7 万人，占 2.81%（图 5-2）。可以看出，本科及以上学历层次的科技人力资源以中青年为主，39 岁及以下的人群是其主要组成部分，占比达 77.40%。与 2019 年相比，39 岁及以下的科技人力资源比例下降了 2.05 个百分点。

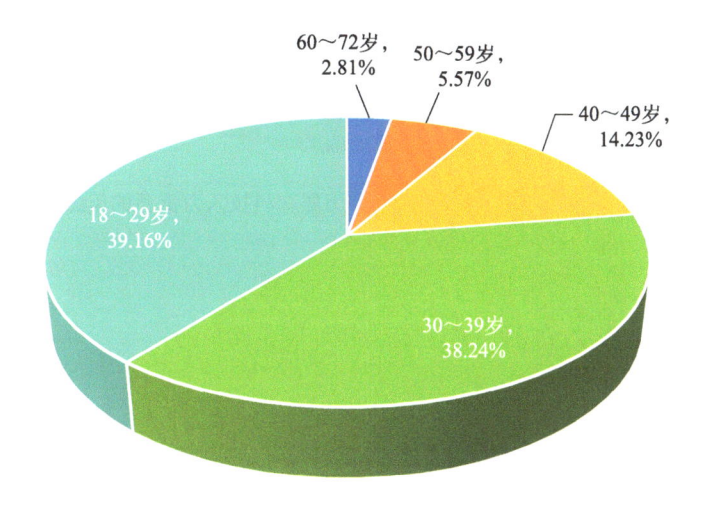

图 5-2 截至 2021 年本科及以上学历层次科技人力资源的年龄结构

2. 专科学历层次科技人力资源中 39 岁及以下占 65.32%

在专科学历层次科技人力资源中，18～29 岁的有 1778.8 万人，占专科层次科技人力资源总量的 30.78%；30～39 岁的有 1996.4 万人，占 34.54%；40～49 岁的有 1283 万人，占 22.20%；50～59 岁的有 529.9 万人，占 9.17%；60～72 岁的有 191.8 万人，占 3.32%（图 5-3）。可以看出，39 岁及以下的人群是专科层次科技人力资源的主要组成部分，占比 65.32%。与 2019 年相比，2021 年 39 岁及以下的科技人力资源下降了 3.69 个百分点。

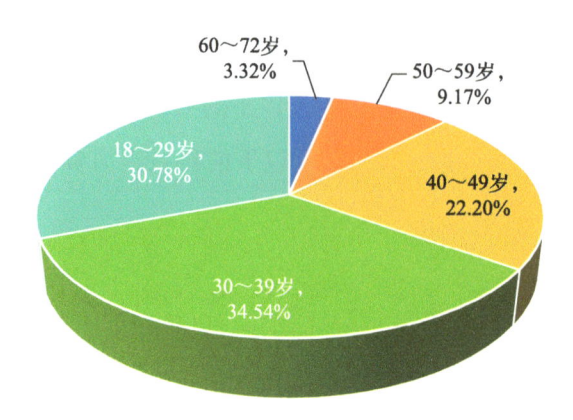

图 5-3　截至 2021 年我国专科学历层次科技人力资源的年龄结构

三、科技人力资源年龄结构的发展趋势

目前，中青年在我国科技人力资源数量上占有绝对优势。科技人力资源整体持续保持年轻化主要得益于我国高等教育的快速发展。着眼于 2035 年建成科技强国的目标，预计我国科技人力资源总量将在 2027 年前后达到 1.5 亿人的规模[1]，其中 45 岁以下占比将超过 80%。

党和国家高度重视青年人才发展。习近平总书记强调，"历史和现实都告诉我们，青年一代有理想、有担当，国家就有前途，民族就有希望，实现我们的发展目标就有源源不断的强大力量"[2]。为了推动和支持青年科技人力资源的发展，我国已出台了一系列扶持政策。2023 年，中共中央办公厅、国务院办公厅印发了《关于进一步加强青年科技人才培养和使用的若干措施》，明确支持青年科技人才在国家重大科技任务中"挑大梁""当主角"，提出了

---

[1] 依据 2012～2022 年中国科技人力资源总量数据，采用趋势外推法估算。
[2] 习近平与青年书 |"把个人的理想追求融入党和国家事业之中"[EB/OL]. https://www.12371.cn/2023/05/02/ARTI1683009101569280.shtml [2024-09-01].

"国家重大科技任务、关键核心技术攻关和应急科技攻关大胆使用青年科技人才，40 岁以下青年科技人才担任项目（课题）负责人和骨干的比例原则上不低于 50%""稳步提高国家自然科学基金对青年科技人才的资助规模，将资助项目数占比保持在 45% 以上""鼓励各类国家科技创新基地面向青年科技人才自主设立科研项目，由 40 岁以下青年科技人才领衔承担的比例原则上不低于 60%"等资助政策，以及"国家科技计划（专项、基金等）项目指南编制专家组，科技计划项目、人才计划、科技奖励等评审专家组，科研机构、科技创新基地等绩效评估专家组中，45 岁以下青年科技人才占比原则上不低于三分之一""保证科研岗位青年科技人才参与非学术事务性活动每周不超过 1 天、每周 80% 以上的工作时间用于科研学术活动"等重要举措。未来青年科技人力资源在实际岗位上发挥潜力的空间将越来越大。

第二节 截至 2021 年底科技人力资源的性别结构

本节首先对 2020～2021 年新增符合"资格"条件的科技人力资源的性别结构进行了分析，然后对截至 2021 年底我国科技人力资源总量的性别结构进行了分析，最后进行了科技人力资源性别结构的国际比较。

一、新增科技人力资源的性别结构

这一部分先对 2020～2021 年新增科技人力资源的性别结构进行整体性

描述，然后分学历层次进行性别结构分析比较。

1. 新增科技人力资源中女性占 39.89%

根据测算，2020～2021 年我国共培养女性科技人力资源 505.05 万人，占这两年培养的科技人力资源总量的 39.89%。比较来看，学历层次越高，女性所占比重越大，尤其是研究生层次，新增女性科技人力资源的比例达 54.30%，是名副其实的"半边天"（表 5-2）。

表 5-2　2020～2021 年新增女性科技人力资源数量及占比

科技人力资源	专科	本科	研究生	合计
女性科技人力资源 / 万人	152.44	271.1	81.51	505.05
科技人力资源 / 万人	473.7	642.4	150.1	1266.2
女性占比 /%	32.18	42.20	54.30	39.89

2. 2020～2021 年新增专科层次科技人力资源中女性占 32.18%

2020 年，普通高校、成人高校和网络高等教育分别培养专科层次女性科技人力资源 57.68 万人、7.06 万人和 7.59 万人，合计占当年这三个渠道培养的科技人力资源总量的 31.87%；以此比例计算，高自考培养的专科层次女性科技人力资源约为 0.70 万人。因此，2020 年总计培养专科层次女性科技人力资源 73.03 万人，占 2020 年新增专科层次科技人力资源总量的 31.87%。

2021 年，普通高校、成人高校、网络高等教育分别培养专科层次女性科技人力资源 63.25 万人、7.99 万人和 7.36 万人，合计占当年这三个渠道培养的科技人力资源总量的 32.46%；以此比例计算，高自考培养的专科层次女性科技人力资源约为 0.81 万人。因此，2021 年总计培养专科层次女性科技人力资源 79.41 万人，占 2021 年新增专科层次科技人力资源总量的 32.46%（表 5-3）。

表 5-3 2020～2021 年各渠道培养专科层次女性科技人力资源数量（单位：万人）

年份	普通高校	成人高校	网络高等教育	高自考	合计
2020	57.68	7.06	7.59	0.70	73.03
2021	63.25	7.99	7.36	0.81	79.41
合计	120.93	15.05	14.95	1.51	152.44

综上，2020～2021 年我国培养专科层次女性科技人力资源共计 152.44 万人，占这两年培养的专科层次科技人力资源总量的 32.18%，比 2018～2019 年下降了 1.98 个百分点。

3. 2020～2021 年新增本科层次科技人力资源中女性占 42.2%

2020 年，普通高校、成人高校和网络高等教育分别培养本科层次女性科技人力资源 83.46 万人、31.58 万人和 13.36 万人，合计占当年这三个渠道培养的科技人力资源总量的 42.07%；以此比例计算，高自考培养的女性科技人力资源约为 2.84 万人。因此，2020 年总计培养本科层次女性科技人力资源 131.24 万人，占 2020 年新增本科层次科技人力资源总量的 42.07%。

2021 年，普通高校、成人高校和网络高等教育分别培养本科层次的女性科技人力资源 85.49 万人、37.13 万人和 13.93 万人，合计占当年这三个渠道培养的科技人力资源总量的 42.33%；以此比例计算，高自考培养的本科层次女性科技人力资源约为 3.31 万人。因此，2021 年总计培养本科层次女性科技人力资源 139.86 万人，占 2021 年新增本科层次科技人力资源总量的 42.33%（表 5-4）。

表 5-4　2020～2021年各渠道培养本科层次女性科技人力资源数量（单位：万人）

年份	普通高校	成人高校	网络高等教育	高自考	合计
2020	83.46	31.58	13.36	2.84	131.24
2021	85.49	37.13	13.93	3.31	139.86
合计	168.95	68.71	27.29	6.15	271.10

综上，2020～2021年我国共培养本科层次女性科技人力资源271.10万人，占这两年本科层次新增科技人力资源总量的42.20%，比2018～2019年提升了1.62个百分点。

4. 2020～2021年新增研究生层次科技人力资源中女性占54.30%

2020年，我国共培养研究生层次科技人力资源72.86万人，其中女性39.27万人，占比53.90%；2021年，我国共培养研究生层次科技人力资源77.28万人，其中女性42.24万人，占比54.66%。可以看出，与2020年相比，2021年研究生层次女性科技人力资源的占比提升了0.76个百分点。综合来看，2020～2021年，我国累计培养研究生层次女性科技人力资源81.51万人，占比54.30%。与2018～2019年相比，2020～2021年研究生层次女性科技人力资源的占比提升了0.99个百分点。

二、截至2021年我国科技人力资源总量的性别结构

《研究报告2020》显示，截至2019年，我国共有符合"资格"条件的女性科技人力资源3997.50万人。扣除2020～2021年超过72岁的6.67万女性

科技人力资源，加上 2020～2021 年新增的 505.05 万女性科技人力资源，可以推算出，截至 2021 年，我国女性科技人力资源总数约为 4495.88 万人，占科技人力资源总量的 40.59%。相较于 2019 年，我国女性科技人力资源的比例上升了 0.49 个百分点。

三、科技人力资源性别结构的国际比较

本部分通过高等教育毕业生的性别结构来看各国女性接受高等教育的机会，并从可采集的数据出发，对部分主要国家本科层次理工农医培养的女性毕业生的比例以及研究生层次女性毕业生的比例进行比较，以此推测各国女性科技人力资源的概况。

1. 我国高等教育毕业生中女性占 53.2%，这一比例超过了韩国、德国、日本和瑞士

高等教育毕业生是科技人力资源的最主要来源，从接受高等教育的女性比例的变化，可以大致推测出女性科技人力资源的比例变化。从已有数据可以看出，除了日本和瑞士，其他主要国家女性接受高等教育的比例均已超过 50%。2020 年，瑞典高等教育毕业生中女性比例高达 62.9%，巴西为 59.7%，芬兰为 59.5%，美国为 59.3%，比利时为 59.1%；中国的比例为 53.2%，超过德国、韩国、日本和瑞士。可以看出，中国女性接受高等教育的机会较大，女性科技人力资源是构成我国科技人力资源庞大总量不可或缺的组成部分。

从学历层次来看，专科层次毕业生女性比例最高的是瑞士，达 69.7%；其次是比利时，为 66.6%；再次是日本，为 61.9%；中国为 51.0%，超过西

班牙、韩国、德国、丹麦、意大利和挪威。本科层次毕业生女性比例最高的是瑞典，为68.5%；其次是挪威，为61.6%；再次是比利时，为60.6%；中国为55.1%，超过韩国、瑞士、德国和日本。硕士研究生层次毕业生女性比例最高的是英国，为61.2%；其次是美国和芬兰，均为60.9%；再次是瑞典，为60.6%；中国为55.1%，超过奥地利、德国、韩国、澳大利亚、瑞士和日本。博士研究生层次毕业生女性比例最高的是巴西，为54.1%；其次是芬兰，为53.1%；再次是美国，为51.1%；中国为41.2%，超过韩国和日本（表5-5）。

表5-5 2020年各国不同学历层次毕业生女性占比（%）

国家	专科	本科	硕士	博士	总体
澳大利亚	56.7	58.9	52.7	49.4	56.7
奥地利	52.1	58.0	54.4	41.4	54.6
比利时	66.6	60.6	56.6	44.7	59.1
巴西	59.4	60.0	56.1	54.1	59.7
加拿大	52.6	59.9	56.4	46.5	56.1
中国	51.0	55.1	55.1	41.2	53.2
丹麦	45.0	58.9	56.1	49.7	56.1
芬兰	—	59.0	60.9	53.1	59.5
德国	47.5	48.6	53.5	45.1	50.1
意大利	27.4	59.7	57.7	49.6	58.4
日本	61.9	46.8	35.0	30.9	49.9
韩国	50.7	51.0	53.3	38.4	50.9

续表

国家	专科	本科	硕士	博士	总体
挪威	23.8	61.6	57.4	49.0	58.1
西班牙	50.9	59.4	60.0	48.6	57.1
瑞典	54.8	68.5	60.6	47.3	62.9
瑞士	69.7	49.7	50.2	46.8	49.8
英国	57.3	57.4	61.2	47.9	58.3
美国	61.4	57.7	60.9	51.1	59.3

注：中国数据来源于中国教育科学研究院调查数据，其他国家数据来源于OECD数据库。

2. 2020年我国工学培养的本科层次女性科技人力资源占比超过多数发达国家

我国与其他国家高等教育学科分类不同，难以对科技人力资源结构进行精确的国际比较。2020年，我国培养的本科层次核心学科科技人力资源占培养总量的96.8%，构成了本科层次新增科技人力资源的最主要来源。因此本部分仅对核心学科科技人力资源的性别结构进行国际比较分析。

2020年，瑞典、挪威、丹麦、澳大利亚、比利时、美国、法国、加拿大、荷兰、芬兰、巴西培养的本科层次核心学科科技人力资源中，女性占比均超过50%。其中瑞典的比例最高，为66.4%；其次是挪威，为62.3%；再次是丹麦，为59.5%；中国约为39.3%，与前述国家差距较大，但超过了日本与德国。

分学科考查有助于更好地了解女性在不同领域的活跃程度。2020年，在理学培养的本科层次科技人力资源中，女性占比最高的是瑞典，为59.4%；其次是加拿大，为58.2%；再次是意大利，为58.1%；中国为53.7%，超过法国、西班牙、挪威、澳大利亚、奥地利、韩国、德国、荷兰、英国、瑞士、比利时和日本。在工学培养的本科层次科技人力资源中，女性占比最高的是瑞典，为 36.6%；其次是巴西，为 31.2%；再次是中国，为 31.1%，超过多数发达国家。在农学培养的本科层次科技人力资源中，女性占比最高的是瑞典，为 76.4%；其次是英国，为 74.7%；再次为丹麦，为 66.2%；中国的比例为 58.3%，超过美国、加拿大、荷兰、挪威、巴西、意大利、韩国、法国、日本、奥地利、西班牙、瑞士和德国。在医学培养的本科层次科技人力资源中，女性占比最高的是加拿大，为 85.9%；其次是芬兰，为 84.7%；再次是瑞典，为 83.9%；中国的比例为 60.1%，在对比的国家中最低（表 5-6）。可以看出，在理工农医核心学科中，各国培养的工学女性科技人力资源比例普遍都不高。

表 5-6　2020 年各国培养的本科层次核心学科科技人力资源女性占比（%）

国家	理学	工学	农学	医学	合计
澳大利亚	50.6	24.5	62.3	77.8	57.3
奥地利	49.9	25.5	43.9	76.7	45.7
比利时	38.3	20.1	63.4	77.0	56.5
巴西	54.5	31.2	51.4	72.6	52.4
加拿大	58.2	24.1	56.1	85.9	55.0
中国	53.7	31.1	58.3	60.1	39.3
丹麦	55.4	22.0	66.2	79.6	59.5
芬兰	58.0	21.5	59.0	84.7	53.7
法国	53.3	23.0	44.7	83.0	55.2
德国	48.3	18.3	29.3	79.9	29.6

续表

国家	理学	工学	农学	医学	合计
意大利	58.1	27.3	48.2	74.2	48.7
日本	29.0	15.5	44.7	73.0	35.0
韩国	48.3	26.0	45.0	70.9	42.4
荷兰	47.9	19.7	55.1	79.7	54.1
挪威	51.3	22.7	54.0	83.8	62.3
西班牙	52.7	24.9	32.9	74.5	49.1
瑞典	59.4	36.6	76.4	83.9	66.4
瑞士	45.5	14.6	31.8	78.0	45.0
英国	45.7	20.5	74.7	77.5	49.3
美国	57.8	23.9	57.6	80.1	56.2

注：中国数据来源于中国教育科学研究院调查数据，其他国家数据来源于OECD数据库。

3. 2020年我国研究生层次新增科技人力资源中女性占53.9%，与发达国家相比差距较小

由于研究生层次的毕业生100%计入科技人力资源的范畴，因此通过计算各国研究生毕业生中的女性比例，即可推算出各国研究生层次的科技人力资源中女性的占比。2020年，研究生层次培养的科技人力资源中女性占比最高的是芬兰，为60.3%；其次是美国，为60.2%；再次是英国，为59.9%；中国的比例为53.9%（图5-4）。可以看出，中国女性接受研究生层次高等教育的机会已经超过男性，接近主要发达国家的比例，并且超过奥地利、德国、澳大利亚、韩国、荷兰、瑞士和日本。

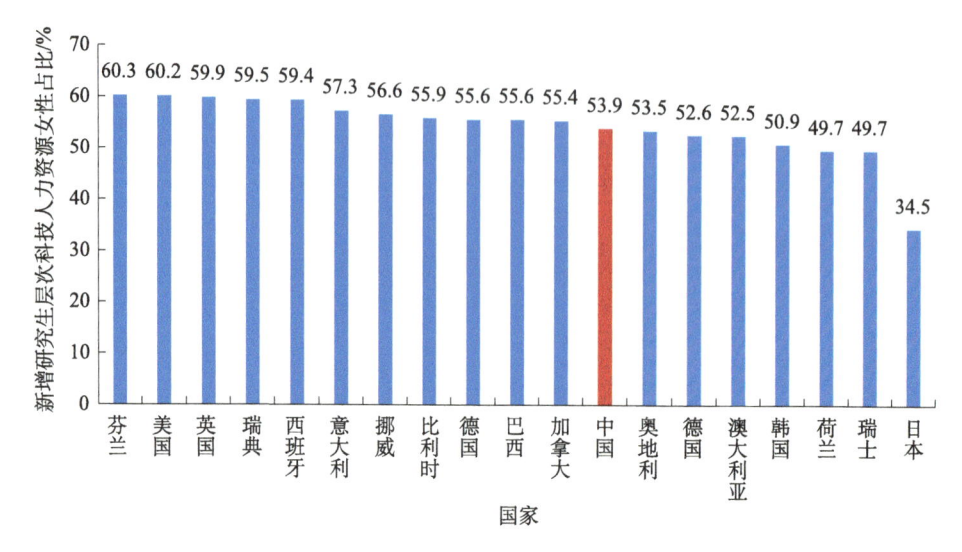

图 5-4 2020 年各国新增研究生层次科技人力资源女性占比

第三节　小　结

我国科技人力资源的年龄和性别结构具有以下特点。

一、我国科技人力资源仍以中青年为主

截至 2021 年，我国 39 岁及以下的科技人力资源占总量的 71.09%，50 岁及以上的科技人力资源仅占 10.52%。与 2019 年相比，40～49 岁、50～59 岁的科技人力资源占比分别提高了 2.23 个百分点和 0.11 个百分点，29 岁及以下的科技人力资源占比下降了 1.99 个百分点。总体来看，我国科技人力资

源仍以中青年为主。从科技创新的一般规律来看，年轻化的结构更有助于创新成果的实现，我国科技人力资源具有较大的发展潜力和较强的发展动力。

二、我国科技人力资源将继续保持年轻化

高等教育毕业生是科技人力资源的最主要来源，随着我国高等教育规模的进一步扩大，未来高等教育毛入学率仍将继续提升。1998年，我国高等教育毛入学率为9.8%，经过20多年的大力发展，2022年，我国高等教育毛入学率达到59.6%，进入高等教育普及化阶段。得益于高等教育的快速发展，可以预见，未来一段时间内，我国科技人力资源的年龄结构将继续保持年轻化趋势。当前，年轻一代的科技人力资源正在科技舞台上发挥着越来越重要的作用。青年科技人才是党的二十大报告中提出要努力培养造就的国家战略人才力量之一，我国针对青年人才出台了一系列政策，持续推动青年科技人力资源潜力的发挥。

三、我国女性科技人力资源比例将进一步提升

截至2021年，我国女性科技人力资源为4495.88万人，占科技人力资源总量的40.59%，是我国科技人力资源的重要组成部分。2020～2021年我国新增女性科技人力资源505.05万人，占这两年新增科技人力资源总量的39.89%。比较来看，学历层次越高，女性比重越大，尤其是研究生层次新增女性科技人力资源的比例已经超过50%。2015～2021年，我国高等教育招生女性比例总体稳定在53%以上，可以预见，未来我国女性科技人力资源的

数量及比例还将进一步提升。

四、我国女性接受高等教育的机会与发达国家基本相当

高等教育毕业生是科技人力资源的最主要来源。2020 年，瑞典高等教育毕业生中女性比例为 62.9%，巴西为 59.7%，芬兰为 59.5%，美国为 59.3%。我国女性高等教育毕业生占比达到 53.2%，超过德国、韩国、日本和瑞士。新增研究生层次科技人力资源中，我国女性占比 53.9%，与排名前列的发达国家相比差距不大，女性平等接受高等教育的机会得到有力保障。

第六章

我国科技人力资源培养的区域分布与流动

科学技术爆发式发展正引领产业发生深刻变革，科技人才在其中扮演着重要角色。为更好地服务地方人才政策制定，需要加强科技人力资源的区域分布情况研究。目前国家统计部门还没有关于区域科技人力资源的统计数据，但有研究表明，科技人力资源的就业地与培养地之间存在高度相关关系[①]，故本章对我国各省份科技人力资源培养的规模、密度、学历结构以及流动状况进行分析，以期能够在一定程度上反映科技人力资源的区域分布状况。

第一节 各省份科技人力资源的培养数量和密度

遵循第一章所述方法，本章以普通高校、成人高校和网络高等教育的毕业生统计数据作为基础数据，分别从2020～2021年科技人力资源培养数量的区域分布、2005～2021年科技人力资源培养数量的区域分布，以及2021年新增科技人力资源的培养密度分布三个方面进行测算分析。

一、2020～2021年科技人力资源培养数量的区域分布

近年来，我国高等教育毛入学率的持续攀升和高等教育规模的迅速扩

---

① 《2019中国高等职业教育质量年度报告》显示，高职毕业生本地就业率接近60%；《2017届本科毕业生本地就业率排名与分析》显示，2017届本科毕业生全国平均本地就业率约为62.6%，广东达到92.2%，浙江、贵州、云南、宁夏和福建等地都达到80%以上。

第六章
我国科技人力资源培养的区域分布与流动

大,无疑为我国科技人力资源的增长注入了强大动力。

2020~2021年,科技人力资源培养数量超过60万(含)人的省份有7个,分别是北京市(98.2万人)、山东省(89.7万人)、河南省(83.3万人)、广东省(81.9万人)、江苏省(81.9万人)、四川省(69.5万人)、湖北省(60.6万人);培养数量在40万(含)~60万(不含)人的省份有6个,分别是湖南省、河北省、陕西省、辽宁省、安徽省、浙江省;培养数量在20万(含)~40万(不含)人的省份有11个,分别是江西省、广西壮族自治区、云南省、重庆市、吉林省、上海市、福建省、黑龙江省、山西省、贵州省、天津市;培养数量在20万人以下的省份有7个,分别是甘肃省、内蒙古自治区、新疆维吾尔自治区、海南省、宁夏回族自治区、青海省、西藏自治区,其中宁夏回族自治区(4.8万人)、青海省(2.7万人)、西藏自治区(1.4万人)这3个省份培养的数量均未达到5万人(图6-1)。传统高等教育大省在培养科技人力资源的数量方面依然占据很大优势。

从比例来看,北京市培养的科技人力资源占比7.85%,位居全国第一;其次是山东省,占比7.17%;再次是河南省,占比6.66%;这3个省份的科技人力资源培养数量占全国科技人力资源培养总量的21.68%。西藏自治区、青海省、宁夏回族自治区、海南省的占比均在0.5%以下,占比总和仅为1.20%。总体来看,东部沿海和中部部分省份的占比相对较高,西部地区省份占比相对较低。这与地区高等教育类型、规模和层次密切相关。

和2020年相比,2021年有26个省份培养的科技人力资源数量实现了正增长,其中广东省增长最多,为4.74万人,其次是河南省,增长3.80万人;此外,山东省增长2.99万人,北京市增长2.54万人,云南省增长2.53万人,江苏省增长2.50万人;科技人力资源数量负增长的省份有5个,包括重庆市、西藏自治区、黑龙江省、陕西省、天津市,减少数量从几百人到几千人

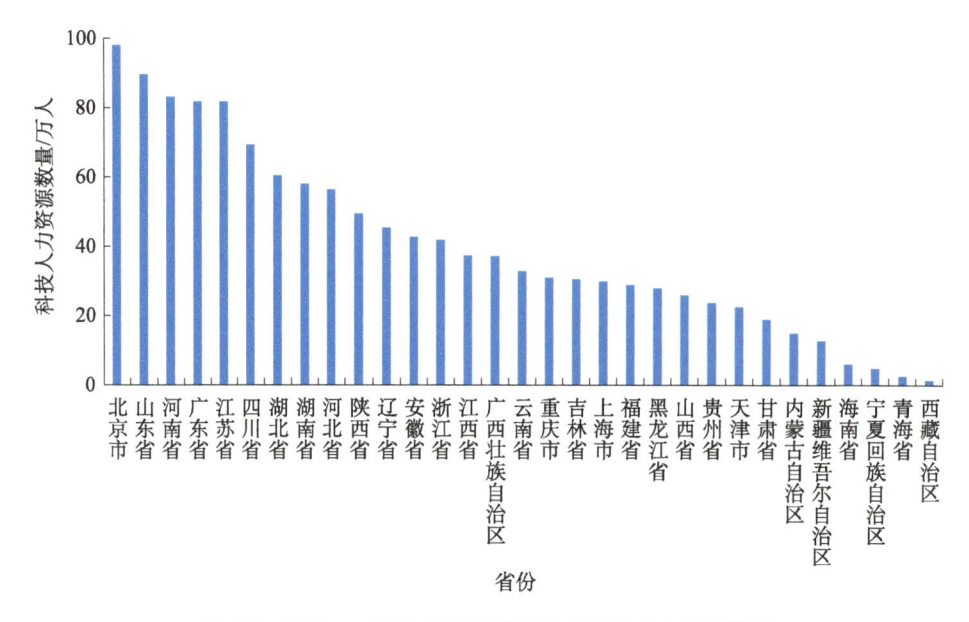

图 6-1 2020～2021 年各省份培养的科技人力资源数量

不等；其他省份增长几百人到几千人不等。

西部地区培养的科技人力资源的绝对数量有了大幅度提高，2021年四川省和广西壮族自治区的科技人力资源培养数量比2020年各增加1万人左右。

二、2005～2021 年科技人力资源培养数量的区域分布

采用历年统计数据，本章对 2005～2021 年各省份科技人力资源的培养数量进行了估算，测算情况如下。

第六章
我国科技人力资源培养的区域分布与流动

2005～2021年，各省份培养的科技人力资源总量为8344.9万人[①]，平均值为269.2万人，其中超过平均值的省份有13个，分别是北京市、山东省、江苏省、广东省、河南省、湖北省、四川省、河北省、湖南省、陕西省、辽宁省、浙江省和安徽省。2005～2021年，科技人力资源累计培养量超过500万（含）人的有4个，分别是北京市（693.0万人）、山东省（572.8万人）、江苏省（565.0万人）、广东省（501.6万人）；累计培养量在400万（含）～500万（不含）人的有3个，分别是河南省、湖北省、四川省；累计培养量在300万（含）～400万（不含）人的有5个，分别是河北省、湖南省、陕西省、辽宁省、浙江省；累计培养量在100万（含）～300万（不含）人有14个，分别是安徽省、江西省、黑龙江省、上海市、吉林省、广西壮族自治区、重庆市、福建省、山西省、云南省、天津市、甘肃省、贵州省、内蒙古自治区；累计培养量在100万人以下的有5个，分别是新疆维吾尔自治区、海南省、宁夏回族自治区、青海省和西藏自治区（图6-2）。可以看出，我国科技人力资源的培养在不同区域间存在明显差异性。

从比例来看，2005～2021年，北京市培养的科技人力资源数量占全国的8.30%，山东省占6.86%，江苏省占6.77%，广东省占6.01%，河南省占5.82%，湖南省占5.47%，四川省占5.17%；7个省份培养的科技人力资源总量约占全国的44.41%；云南省、天津市、甘肃省、贵州省、内蒙古自治区、新疆维吾尔自治区、海南省、宁夏回族自治区、青海省、西藏自治区10个省份培养的科技人力资源数量占全国总量的10.47%。

---

① 该数据未扣除继续攻读硕士学位的本科毕业生和继续攻读博士学位的硕士毕业生数量。

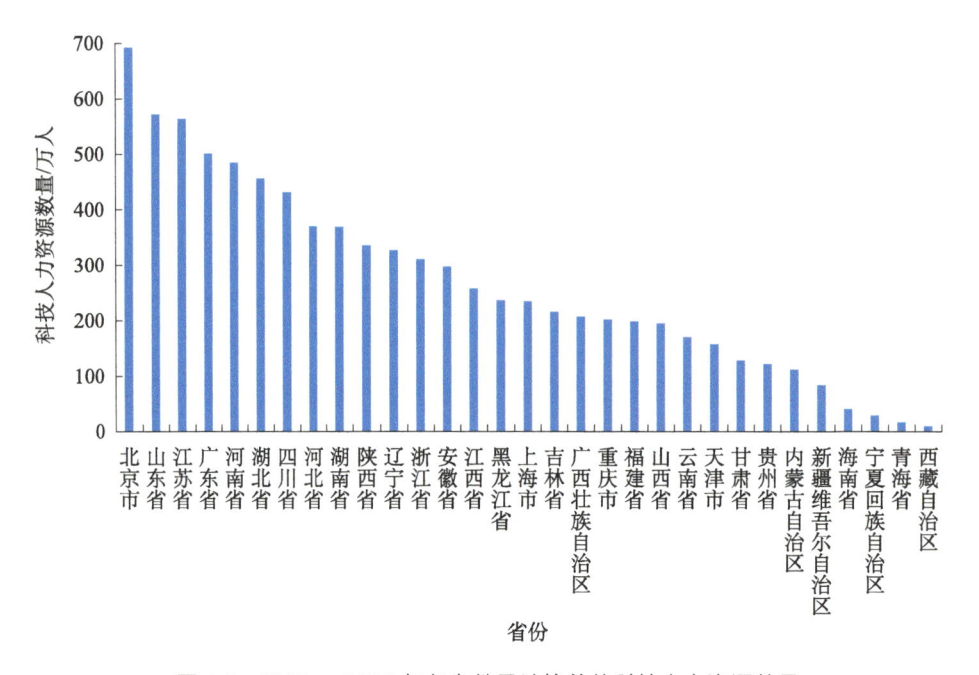

图 6-2 2005～2021 年各省份累计培养的科技人力资源数量

三、2021 年新增科技人力资源的培养密度

科技人力资源的培养密度通常指一定区域内培养的科技人力资源数量占该区域总人口数量的比重，它是一个综合性指标，不仅反映了一个地区科技发展的活力和潜力，还体现了该地区对科技人力的吸引力和培养能力。考虑到科技人力资源的培养区域与其就业区域之间的紧密联系，可以利用该指标在一定程度上反映培养地的人才优势。《研究报告（2018）》使用以下公式对我国各省份科技人力资源的培养密度进行测算：

$$某年科技人力资源的培养密度 = \frac{当年培养的科技人力资源数量}{年末人口数} \times 100\%$$

第六章 我国科技人力资源培养的区域分布与流动

本报告沿用这个公式对2021年我国各省份科技人力资源的培养密度进行测算。结果显示，2021年全国科技人力资源培养密度平均值为0.46%。科技人力资源的培养密度高于平均值的省份有9个，分别是北京市、天津市、吉林省、陕西省、上海市、辽宁省、湖北省、江苏省和重庆市，其中，北京市科技人力资源的培养密度为2.30%，在全国范围内遥遥领先，其次是天津市（0.80%）和吉林省（0.66%）。科技人力资源的培养密度低于0.30%的有3个，分别是新疆维吾尔自治区、青海省和西藏自治区。其余19个省份科技人力资源的培养密度介于0.30%和0.46%之间（图6-3）。

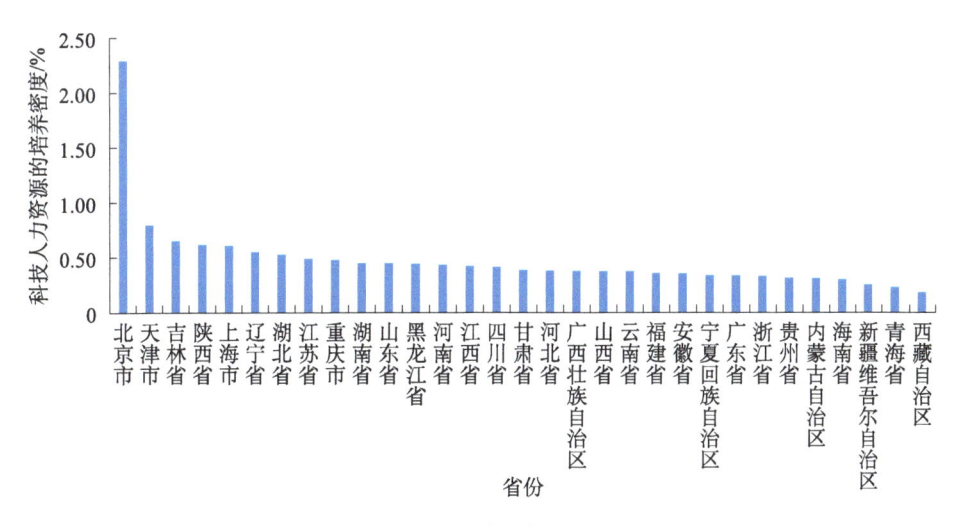

图6-3 2021年各省份科技人力资源的培养密度情况

与2019年相比，2021年我国各省份科技人力资源的培养密度总体有所提升。2019年科技人力资源的培养密度高于0.5%的省份有5个，2021年增加到7个；2019年科技人力资源的培养密度低于0.3%的有7个，2021年减少到3个；2019年科技人力资源的培养密度最高的是北京市，为2.01%；2021年科技人力资源的培养密度最高的依然是北京市，但其数值提升至2.30%。

第二节　各省份科技人力资源培养的学历结构

科技人力资源的培养既要重视数量的增长，也要重视结构质量的提升。本节分别从 2020～2021 年不同学历层次科技人力资源培养的区域分布、2005～2021 年不同学历层次科技人力资源培养的区域分布，以及 2005～2021 年各省份科技人力资源培养总量的学历结构三方面，分析我国培养的不同学历层次科技人力资源的区域分布情况。

一、2020～2021 年不同学历层次科技人力资源培养的区域分布

2020～2021 年，各省份培养专科层次科技人力资源数量最多的是河南省，共 37.85 万人，其次是山东省、广东省、北京市、四川省、江苏省、湖南省、河北省和湖北省（图 6-4），这 9 个省份的培养数量均在 20 万人以上。培养数量较少的省份是西藏自治区、青海省、宁夏回族自治区和海南省，这 4 个省份的培养数量均在 5 万人以下，其中西藏自治区仅为 3800 多人。

2020～2021 年，各省份培养本科层次科技人力资源数量最多的是山东省，为 45.94 万人，其次是北京市、江苏省、河南省、广东省、四川省、河北省（图 6-5）。这 7 个省份的培养数量均在 30 万人以上。培养数量较少的为西藏自治区、青海省、宁夏回族自治区和海南省，培养数量均在 5 万人以下，其中西藏自治区仅有 9000 多人。

第六章 我国科技人力资源培养的区域分布与流动

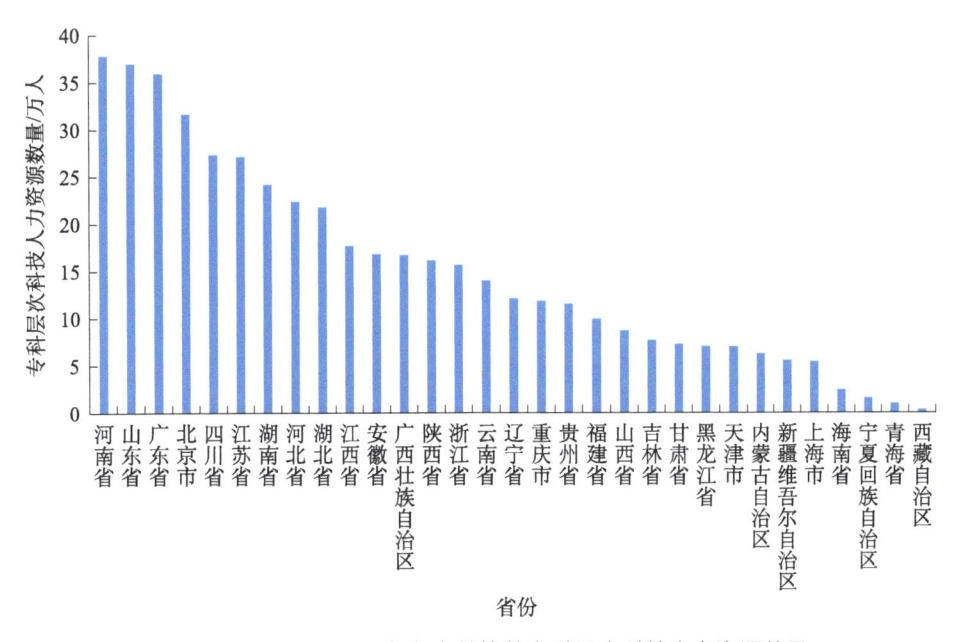

图 6-4　2020～2021 年各省份培养专科层次科技人力资源数量

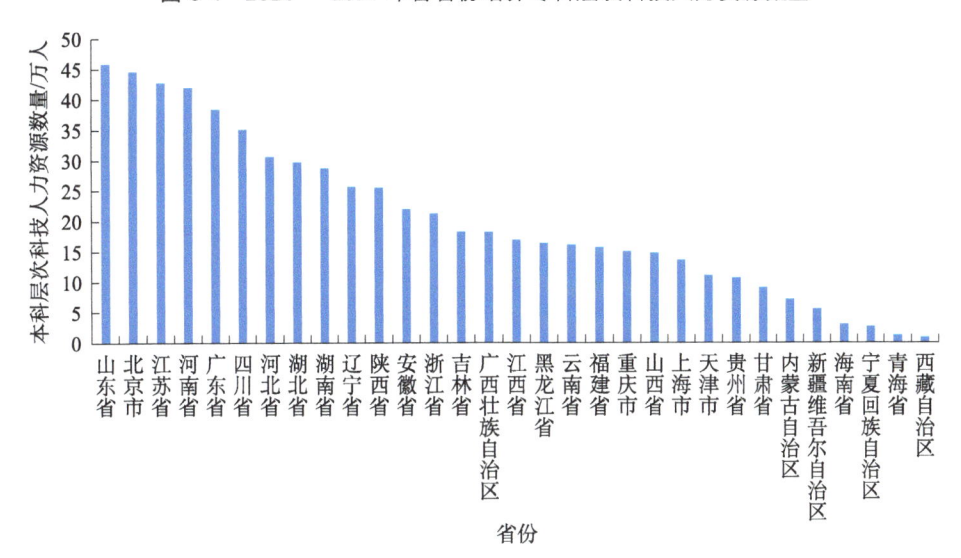

图 6-5　2020～2021 年各省份培养本科层次科技人力资源数量

2020～2021 年，各省份培养研究生层次科技人力资源数量最多的是北京市，共 21.81 万人，江苏省、上海市的培养数量也均在 10 万人以上。此外，陕西省的表现也相对突出，培养人数达到 7.81 万人。西藏自治区、青海省、海南省、宁夏回族自治区 4 个省份的培养数量均低于 5000 人（图 6-6）。北京市仍保持着培养研究生层次科技人力资源规模上的绝对优势，其培养的研究生人数占全国的 14.53%。

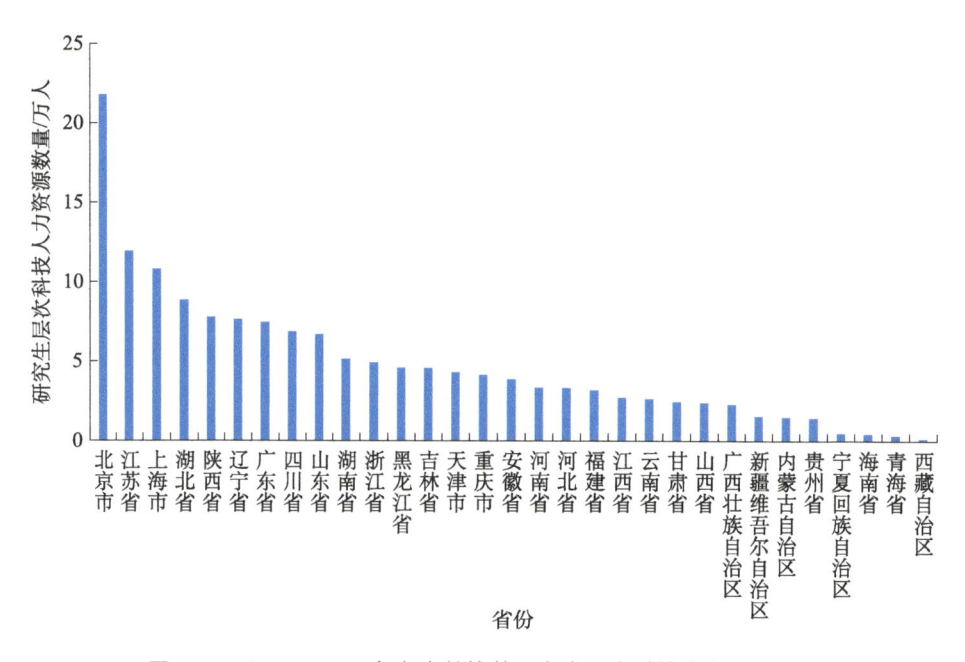

图 6-6　2020～2021 年各省份培养研究生层次科技人力资源数量

二、2005～2021 年不同学历层次科技人力资源培养的区域分布

2005～2021 年，有 5 个省份培养的专科层次科技人力资源数量超过 200 万（含）人，分别为山东省、北京市、河南省、广东省、江苏省，其中山东省培养 275.0 万人；有 10 个省份的培养数量在 100 万（含）～200 万（不含）人；有 13 个省份的培养数量在 20 万（含）～100 万（不含）人；有 3 个省份的培养数量在 20 万人以下，分别为宁夏回族自治区、青海省、西藏自治

第六章
我国科技人力资源培养的区域分布与流动

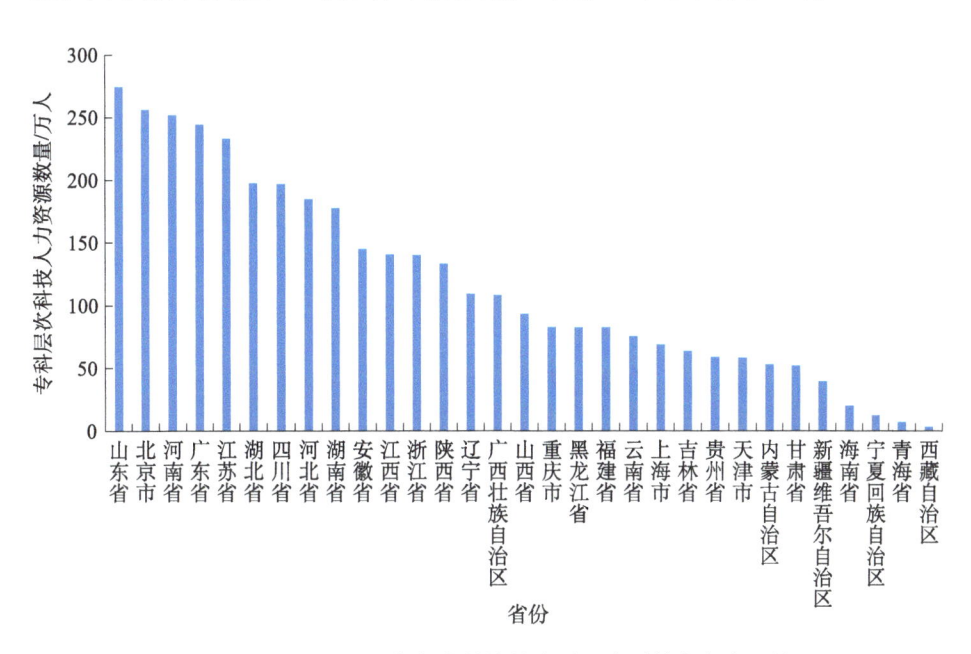

区,其中青海省培养 7.3 万人,西藏自治区培养 3.5 万人(图 6-7)。

图 6-7　2005~2021 年各省份培养专科层次科技人力资源数量

2005~2021 年,有 6 个省份培养的本科层次科技人力资源数量超过 200 万(含)人,分别为北京市、江苏省、山东省、广东省、河南省、湖北省,其中北京市的培养数量达到 309.2 万人;11 个省份的培养数量在 100 万(含)~200 万(不含)人;有 10 个省份的培养数量在 30 万(含)~100 万(不含)人;4 个省份的培养数量在 30 万人以下,分别为海南省、宁夏回族自治区、青海省和西藏自治区,其中青海省的培养数量为 8.4 万人,西藏自治区的培养数量为 5.9 万人(图 6-8)。

2005~2021 年,北京市培养研究生层次科技人力资源的数量达 127.2 万人;3 个省份的培养数量在 50 万(含)~100 万(不含)人,分别为江苏省、上海市和湖北省;5 个省份的培养数量在 30 万(含)~50 万(不含)人,分别为辽宁省、陕西省、广东省、四川省和山东省;15 个省份的培养数量在

10万（含）～30万（不含）人；7个省份的培养数量在10万人以下，其中西藏自治区仅培养5000多人（图6-9）。

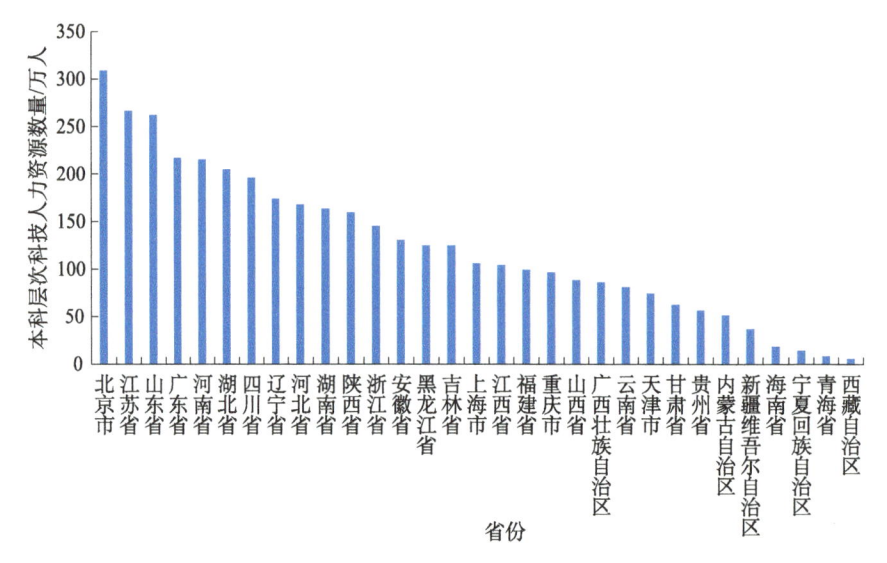

图6-8　2005～2021年各省份培养本科层次科技人力资源数量

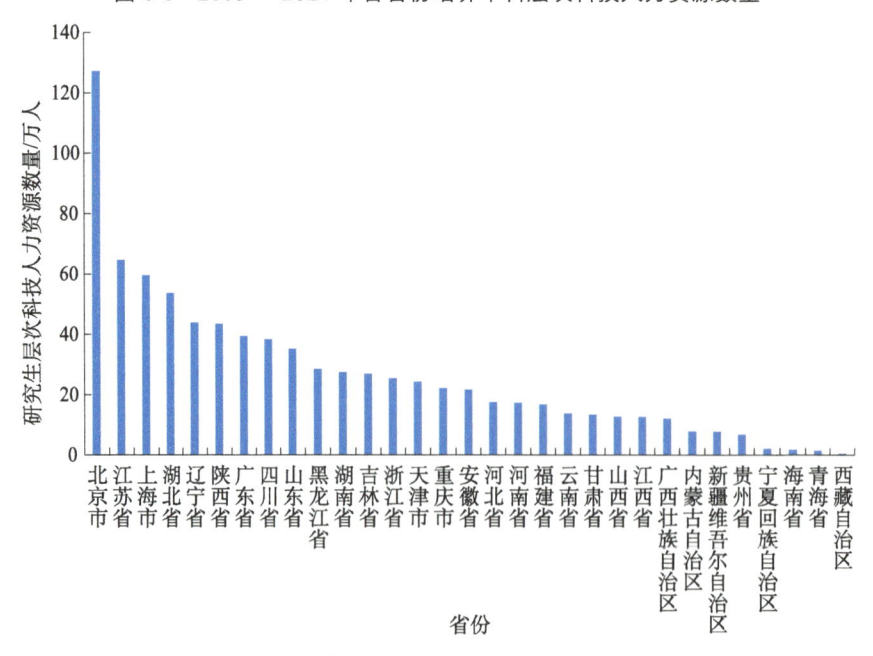

图6-9　2005～2021年各省份培养研究生层次科技人力资源数量

第六章
我国科技人力资源培养的区域分布与流动

三、2005～2021年各省份科技人力资源培养总量的学历结构

2005～2021年，不同省份培养的科技人力资源的学历结构差异较大（图6-10）。

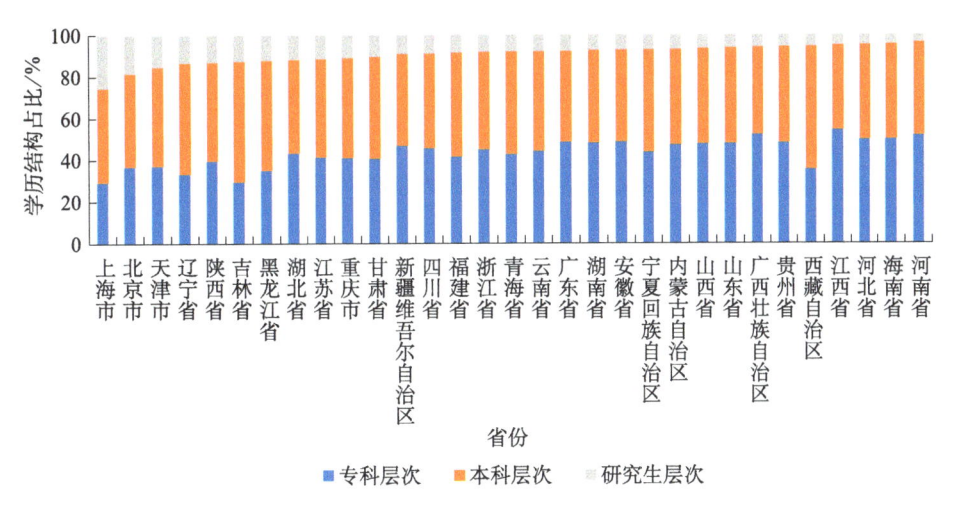

图6-10 2005～2021年各省份培养的科技人力资源学历结构

其中，各省份培养的专科层次科技人力资源数量占培养总量的比例在29%～55%，有3个省份培养的专科层次科技人力资源占比超过50%，分别为江西省、广西壮族自治区和河南省，其中最高的是江西省，专科层次占比54.58%；有20个省份培养的专科层次科技人力资源占比在40%～50%；有8个省份培养的专科层次科技人力资源占比低于40%，分别为陕西省、天津市、北京市、西藏自治区、黑龙江省、辽宁省、吉林省和上海市。

各省份培养的本科层次科技人力资源占培养总量的比例在40%～60%。有4个省份培养的本科生层次科技人力资源占比超过50%，分别是西藏自治区、吉林省、辽宁省和黑龙江省，其中占比最高的是西藏自治区，为

99

59.14%；其余 27 个省份培养的本科层次科技人力资源占比在 40%～50%。

各省份培养的研究生层次科技人力资源占培养总量的比例在 3%～26%。有 11 个省份培养的研究生层次科技人力资源占比超过 10%，分别为上海市、北京市、天津市、辽宁省、陕西省、吉林省、黑龙江省、湖北省、江苏省、重庆市和甘肃省，其中占比最高的是上海市，达 25.36%，其次是北京市，占比 18.36%，再次是天津市，占比 15.36%。有 4 个省份培养的研究生层次科技人力资源占比在 5% 以下，分别是江西省、河北省、海南省和河南省。

第三节　我国科技人力资源的区域流动特征

科技人力资源有效配置的关键是实现科技人才的合理流动。本节从各省份培养的科技人力资源就业流向情况、促进科技人力资源流动的相关政策等角度，对近年来我国科技人力资源的区域流动特征进行分析。

一、各省份培养的科技人力资源就业流向情况

就业流向是高校毕业生在就业区域、城市、行业、单位等方面的实际流向与分布状况。深入分析高校毕业生的就业流向，有助于了解毕业生的就业区域选择偏好，进而间接反映出科技人力资源在地理空间上的流动态势。近年来，麦可思研究院及其他相关机构发布的高校毕业生就业报告显示，我国高校毕业生的就业流向呈现如下特点。

第六章
我国科技人力资源培养的区域分布与流动

第一，高校毕业生在就业选择上仍优先考虑经济发达的东部地区。因为经济发达地区具备较完善的软硬件环境且资源丰富，尤其在新冠疫情得到有效控制后，能够迅速恢复生产，为毕业生提供了更多的就业选择和机会。据麦可思研究院《2021年中国大学生就业报告》和《2022年中国大学生就业报告》，珠江三角洲地区本科院校毕业生毕业半年后的就业率最高，其次是长江三角洲地区。相比之下，东北和中原地区人才吸引力较弱。此外，九校联盟[①]发布的《2021年毕业生就业质量报告》显示，顶尖高校毕业生更倾向于在就读高校所在地就业，特别是北京大学、中国科学技术大学和西安交通大学毕业生对学校属地就业的偏好程度更为明显。选择中部地区就业的人数最少，选择东部地区就业的高校毕业生比例有所下降，选择中西部地区就业的人数呈现上升态势。

第二，本科毕业生选择在新一线城市就业的数量持续上升。近年来，新一线城市提供的就业机会逐渐增多，加上生活、住房成本相对较低和更易落户等优势，对本地和外地人才均有强大的吸引力。同时，部分毕业生的就业观念也在发生变化，他们更倾向于在新一线城市寻找就业机会。《2021年中国大学生就业报告》数据显示，应届本科毕业生在新一线城市就业的比例从2016届的23%上升到2020届的27%，而在传统一线城市就业的比例则从2016届的24%下降到2020届的17%。同时，到新一线城市就业的外省籍应届本科毕业生的比例从2016届的32%上升至2020届的38%。其中，杭州、天津、苏州对外省籍应届本科毕业生的吸引力位列前三，就业占比分别为65%、63%、50%，均高于一线城市中的广州（45%）。

第三，本科毕业生出现倾向于回家乡或到中西部地区就业的趋势。《2021

---

① 九校联盟（C9 League），简称C9，是中国首个顶尖大学间的高校联盟，于2009年10月启动。联盟成员都是国家首批"985工程"重点建设的一流大学，包括北京大学、清华大学、复旦大学、上海交通大学、南京大学、浙江大学、中国科学技术大学、哈尔滨工业大学、西安交通大学共9所高校。

年中国大学生就业报告》显示，相较于2017届，2021届本科毕业生选择在地级城市及以下地区就业的比例从54%上升到58%。与此同时，选择在直辖市就业的比例逐年下降，从2017届的19%下降到2021届的13%；选择在副省级城市就业的比例相对稳定。《2021年毕业生就业质量报告》显示，越来越多的九校联盟毕业生选择到中西部地区就业，特别是中国科学技术大学和西安交通大学，这两所学校的毕业生选择在中西部地区就业的比例不断上升，去东部地区的比例逐渐下降，西安交通大学2020年和2021年去东部就业的学生比例已经低于中西部。

二、促进科技人力资源流动的相关政策

人才是城市发展和转型升级的关键因素，科技人力资源是重要的人才储备库。科技人力资源在区域间的合理配置，有利于充分发挥其在推动社会经济文化发展中的作用。科技人力资源的流动受人力资源政策和就业政策的影响较为显著。2020年突如其来的新冠疫情对高校毕业生的就业造成严重冲击。为应对这一挑战，国家及时制定并出台了多项政策措施，其中包括扩大硕士研究生和专升本招生规模、增加政策性岗位数量等，有效缓解了就业市场的总体压力，为毕业生提供了更多元化的就业选择，也为科技人力资源的合理分布和高效利用创造了有利条件。

1. 扩大硕士研究生和专升本招生规模，增加高校毕业生升学深造机会，部分缓解了新冠疫情导致的就业压力

2020年3月，教育部印发的《教育部关于应对新冠肺炎疫情做好2020

届全国普通高等学校毕业生就业创业工作的通知》提出，"扩大今年硕士研究生招生规模，主要向国家战略和民生领域急需的临床医学、公共卫生与预防医学、集成电路、软件、新材料、先进制造、人工智能等相关学科和专业学位类别倾斜，向中西部和东北地区高校倾斜。扩大今年普通高等学校专升本规模，主要由职业教育本科和应用型本科高校向产业升级和改善民生急需的专业招生"[①]。2020年，硕士研究生招生规模扩大到18.9万人，普通专升本扩招到32.2万人。

2. 增加政策性岗位供给，扩大基层就业渠道

国家出台了扩大"特岗计划""三支一扶""西部计划"招募规模，引导高校毕业生到中西部地区、艰苦边远地区、老工业基地县以下基层单位就业。2020年，教育部、人力资源和社会保障部、工业和信息化部、国务院国有资产监督管理委员会、中央广播电视总台、共青团中央等六部门和单位共同实施"百日冲刺"行动，"特岗教师"计划增加招募规模5000人，适当扩大"三支一扶""西部计划"等中央基层项目实施规模。

2020年5月，《中共中央 国务院关于新时代推进西部大开发形成新格局的指导意见》中指出："持续推动东西部地区教育对口支援，继续实施东部地区高校对口支援西部地区高校计划、国家支援中西部地区招生协作计划，实施东部地区职业院校对口西部职业院校计划。促进西部高校国际人才交流，相关人才引进平台建设向西部地区倾斜。鼓励支持部委属高校和地方高校'订单式'培养西部地区专业化人才。落实完善工资待遇倾斜政

---

① 教育部. 教育部关于应对新冠肺炎疫情做好2020届全国普通高等学校毕业生就业创业工作的通知[EB/OL]. http://www.moe.gov.cn/srcsite/A15/s3265/202003/t20200306_428194.html[2024-09-01].

策，结合事业单位改革，鼓励引导机关事业单位人员特别是基层公务员、教师、医护人员、科技人员等扎根西部"[①]。2020年12月，科学技术部印发《关于加强科技创新促进新时代西部大开发形成新格局的实施意见》，进一步强调要支持各类人才计划向西部地区倾斜，助力西部吸引、激励和留住人才。

3. 促进高校毕业生本地就业和人才引进的地方性政策

各省份吸引高校毕业生的政策主要有三类，一是就业帮扶政策，二是放宽落户政策，三是创业扶持政策。这些措施旨在"广栽梧桐，争引凤凰"，创造一个有利于人才发展的环境，进而推动地方经济持续发展。

（1）就业帮扶政策。2020年，北京市针对有就业意愿的困难家庭毕业生，实施"对点、一对一"就业援助计划。该计划通过就业见习、技能培训、创业扶持、岗位推荐等措施，确保有就业意愿的困难家庭毕业生100%实现就业帮扶。2020年，湖北省政府在《关于应对新冠肺炎疫情影响全力以赴做好稳就业工作的若干措施》中提出，疫情结束后，全面实施"我选湖北"计划，吸引更多大学生在鄂就业创业，对2020届湖北高校毕业生给予一次性求职创业补贴。《广西促进2020年高校毕业生就业创业十条政策措施》提出，加大高校毕业生就业帮扶兜底保障。甘肃省出台《2020年支持未就业高校毕业生到企业就业项目实施方案》，提出省财政对通过本项目招聘的毕业生给予每人每月1500元的生活补贴，补贴期限为3年，支持1万名毕业生到企业就业。安徽省教育厅等五部门发布《安

[①] 新华社. 中共中央 国务院关于新时代推进西部大开发形成新格局的指导意见 [EB/OL]. https://www.gov.cn/zhengce/2020-05/17/content_5512456.htm [2024-09-01].

徽省教育厅等五部门关于做好新冠肺炎疫情防控期间高校毕业生就业工作的通知》，提出高校毕业生与小微企业签订 6 个月以上劳动合同，并依法缴纳社会保险费的，从就业补助资金给予高校毕业生每人 3000 元的一次性就业补贴。

（2）放宽落户政策。2020 年 2 月，青岛市政府办公厅印发实施《青岛市人民政府办公厅关于应对新冠肺炎疫情进一步促进企业恢复正常生产经营的实施意见》，提出将"先落户、后就业"政策放宽到毕业学年在校大学生，已落户的可享受本市购房、申请人才公寓等政策。2022 年 6 月，上海市人力资源和社会保障局发布《关于助力复工复产实施人才特殊支持举措的通知》，提出加大世界名校留学人员引进力度，对于毕业于世界排名前 50 名院校的留学人员，取消社会保险费缴费基数和缴费时间要求，全职在上海工作后即可直接申办落户；同时提出"拓宽紧缺急需高技能人才职业目录"，并按规定落实人才引进政策。

（3）创业扶持政策。在支持大学生创业方面，各省份因地制宜，积极探索助力大学生实现自主创业的特色道路。2020 年，贵州省政府印发《贵州省进一步稳定和促进就业若干政策措施》，提出引导高校毕业生到 12 个农业特色优势产业领办创办农业企业，重点围绕农产品流通、农业种植养殖等农业领域创业，按规定给予一次性 1 万元的创业补贴。2022 年，北京市人民政府办公厅在《北京市支持高校毕业生就业创业若干措施》中提出，对创业失败的高校毕业生提供就业帮扶；对创业失败有就业意愿的，积极推荐就业岗位；对具备二次创业条件的，给予创业补贴支持。山西省在《山西省人民政府关于进一步做好稳就业保就业工作的通知》中提出，对高校毕业生首次创业并带动 1 人以上就业的，在工商注册且有纳税行为或者缴纳社会保险费后，给予 15 000 元的扶持。江苏省举办"创客中国"暨 2022 年江苏省中小企业创新创业大赛、"创业江苏"科技大赛等比赛，树立

高校毕业生创业典型等，采取内容全面、形式多样的举措，帮助大学生以创业带动就业。

第四节 小　结

本章从培养的角度，深入剖析了我国科技人力资源的区域分布特点，研究结论如下。

一、我国各省份科技人力资源的培养数量差异显著

各省份每年培养的科技人力资源数量区域差异较大。2020～2021年，北京市、山东省和河南省3个省份培养的科技人力资源数量占全国总量的21.69%；西藏自治区、青海省、宁夏回族自治区、海南省4个省份培养的科技人力资源占全国总量的1.20%。2005～2021年，北京市、山东省和江苏省3个省份培养的科技人力资源数量占全国总量的21.94%，云南省、天津市等10个省份培养的科技人力资源数量占全国总量的10.47%。总体来看，东部沿海地区和中部部分省份培养的科技人力资源数量占比相对较高，西部地区的占比相对较低。具体来看，东部沿海地区和中部一些发达省份（如北京、上海、山东、江苏、浙江等），由于具有经济实力强、教育资源丰富、高等院校数量多、教育水平高等优势，因此科技人力资源培养数量占比较高。此外，这些地区的高等教育体系完善，科

第六章 我国科技人力资源培养的区域分布与流动

研投入充足，吸引了大量的优秀教师和学生，为科技创新奠定了坚实的人才基础。相比之下，西部地区（如西藏、青海、宁夏、贵州等省份），由于地理位置偏远、经济相对落后、教育资源相对匮乏等，科技人力资源培养数量占比相对偏低。这些地区的高等教育规模相对较小，科研投入不足，较难吸引和培养高水平的科技人才。为了促进区域科技人力资源的均衡发展，政府采取了一系列措施加大对西部地区的教育投入，推动东西部地区高校和科研机构合作，共同开展科研项目和人才培养工作。2020年，中共中央办公厅、国务院办公厅发布《中共中央 国务院关于新时代推进西部大开发形成新格局的指导意见》，提出要大力支持西部地区教育高质量发展。"加快改善贫困地区义务教育薄弱学校基本办学条件，全面加强乡村小规模学校、乡镇寄宿制学校建设。发展现代职业教育，推进职业教育东西协作，促进产教融合、校企合作。逐步普及高中阶段教育。支持西部地区高校'双一流'建设，着力加强适应西部地区发展需求的学科建设。持续推动东西部地区教育对口支援，继续实施东部地区高校对口支援西部地区高校计划、国家支援中西部地区招生协作计划，实施东部地区职业院校对口西部职业院校计划。促进西部高校国际人才交流，相关人才引进平台建设向西部地区倾斜。鼓励支持部委属高校和地方高校'订单式'培养西部地区专业化人才"[1]。此外，还可以通过政策引导、资金扶持等方式，鼓励更多的科技人才到西部地区开展工作和创新活动。总之，科技人力资源培养数量的区域差异与区域高等教育的类型、规模、层次等因素密切相关，需要政府、高校、科研机构等多方共同努力，推进区域科技人力资源均衡发展。

---

[1] 新华社. 中共中央 国务院关于新时代推进西部大开发形成新格局的指导意见 [EB/OL]. https://www.gov.cn/zhengce/2020-05/17/content_5512456.htm [2024-09-01].

二、我国各省份科技人力资源的培养密度差异显著

2021年，全国科技人力资源的培养密度为0.46%。北京市为2.30%，在全国范围内遥遥领先，其余省份均不超过1%。北京市、天津市、上海市、重庆市4个省份科技人力资源的培养密度位于全国前列。西藏自治区（0.19%）、青海省（0.23%）和新疆维吾尔自治区（0.26%）3个省份的科技人力资源的培养密度最低。

三、我国各省份培养的科技人力资源的学历结构差异显著

2005～2021年，有11个省份培养的研究生层次科技人力资源占比超过10%，其中上海市占比高达25.36%；有4个省份培养的研究生层次科技人力资源占比在5%以下。有4个省份培养的本科生层次科技人力资源占比超过50%，其中占比最高的是西藏自治区，为59.14%；有27个省份培养的本科层次科技人力资源占比在40%～50%。有3个省份培养的专科科技人力资源占比超过50%，其中最高的是江西省，为54.58%；有20个省份培养的专科科技人力资源占比在40%～50%；有8个省份培养的专科层次科技人力资源占比低于40%。

四、科技人力资源的区域流动受到城市经济发展水平、就业机会及人才引进政策的影响

从城市经济发展状况和就业机会来看，经济发达地区的就业市场和优厚

的薪资待遇对高校毕业生具有较大吸引力；新一线城市通过不断优化产业结构、提升城市品质，对高校毕业生的吸引力不断增强。部分高校毕业生回归家乡就业或去往中西部地区就业的趋势明显。总体而言，东部省份高校毕业生的本地就业率高于西部省份高校。从人才政策和就业政策来看，为了应对高校毕业生就业问题挑战，国家相继出台了一系列促进高校毕业生就业的政策措施，如扩大硕士研究生和专升本招生规模、增加政策性岗位数量，以进一步鼓励高校毕业生到城乡基层、中西部地区和中小企业就业；各地方也根据自身特点和发展需求，出台本地化政策吸引更多高校毕业生就业。这些政策措施不仅为高校毕业生提供了更广阔的就业创业空间，而且有效促进了科技人才资源的区域流动。

第七章

我国工学科技人力资源发展状况

党的二十大报告从战略高度系统部署和统筹推进科技、教育和人才三位一体发展，党的二十届三中全会通过的《中共中央关于进一步全面深化改革 推进中国式现代化的决定》要求，加快建设国家战略人才力量，着力培养造就卓越工程师、大国工匠。在中国高等教育体系中，工程教育"三分天下有其一"，是经济建设、科技创新、产业升级和社会可持续发展的重要支撑[1]。当前，全面建设社会主义现代化国家新征程已经开启，我国正在加快培育新质生产力、增强发展新动能，努力建成世界科技强国，实现高水平科技自立自强，对工学[2]科技人力资源提出了新的更高要求。我国工学培养的科技人力资源占总数的一半以上，他们的素质能力直接关系到我国科技创新的质量和速度。2024年，高校本科专业设置迎来新一轮调整，工学的专业点增加数量位居第一，这与工学作为第一大学科门类的基本情况相呼应。本章对2020～2021年工学二级类本科毕业生新增规模、1986～2021年工学二级类本科毕业生存量规模以及工学二级类的发展趋势等进行了分析，描述了工学二级类科技人力资源的发展状况，有助于为我国在新形势下制定工学科技人才政策提供参考。

第一节　2020～2021年工学二级类本科毕业生状况

2020～2021年，我国新增工学二级类本科毕业生278.5万人，其中计算

---

[1] 张炜，汪劲松. 我国高等工程教育的发展历程、基本特征与改革方向[J]. 研究生教育研究，2022（3）：1-7.
[2] 工学是工程学科的总称。在我国出台的多个文件中，将工程学科称为工科。在本报告中，工学和工科指代同一含义。

机类、机械类、电子信息类 3 个专业的毕业生人数最多，分别为 60.7 万人、41 万人和 34.8 万人，分别占工学二级类本科毕业生总数的 21.80%、14.72% 和 12.50%。此外，土木类、电气类、材料类、自动化类、化工与制药类 5 个专业的毕业生人数都超过 10 万人，分别为 24.5 万人、18.3 万人、13.5 万人、10.6 万人和 10.4 万人，分别占比 8.80%、6.57%、4.85%、3.81% 和 3.73%（图 7-1）。

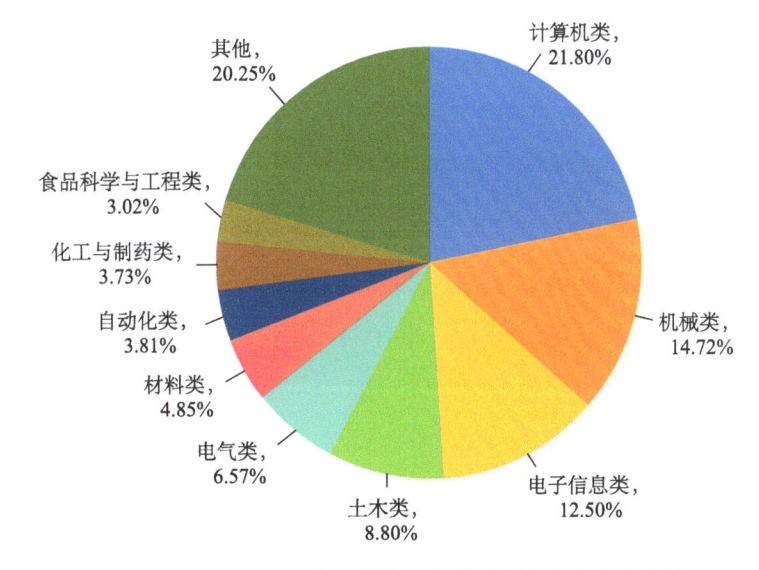

图 7-1　2020～2021 年工学各二级类本科毕业生人数占比

与 2020 年相比，2021 年工学二级类本科毕业生总人数增加了 2.2 万人，增长 1.6%，较 2019 年增加了 10.8 万人，增长 8.36%。在 30 个工学二级类本科专业中，2021 年毕业生人数比 2020 年有所增加的专业有 13 个，有所减少的专业有 17 个。其中，毕业生人数增幅最大的是计算机类，增加 2.6 万人，其次是自动化类，增加 0.23 万人，其余 11 个专业增加人数均少于 0.07 万人。在毕业生人数有所减少的工学二级本科专业中，毕业生人数减幅最大的是化工与制药类，减少 0.14 万人，其次是机械类，减少 0.12 万人，其余 15 个专业的减少人数均在 0.09 万人以下。

第二节　1986～2021年工学二级类本科毕业生状况

1986～2021年，我国共培养工学二级类本科毕业生2870.3万人，为我国的经济发展做出了重要贡献。根据《中国教育事业统计年鉴》相关数据，1986～2021年，我国工学二级专业类设置历经6次调整，1986～1993年有15个二级类专业；1994～2000年以及2001～2004年都是有22个二级类专业，但具体专业类名称有所调整；2005～2012年取消了"工学"类，减少为21个二级类专业；2013～2016年有31个二级类专业；2017～2021年减少为30个二级类专业。

一、1986～2021年工学二级类本科毕业生总量分析

1986～2021年，我国共培养工学二级类本科毕业生2870.3万人，其中电气信息类、机械类、土木建筑类3个专业的毕业生人数最多，分别为739.1万人、472.0万人、336.3万人，分别占工学二级类本科毕业生总数的25.7%、16.4%和11.7%。此外，计算机类、电子信息类、化工与制药类、材料类4个专业的毕业生人数都超过100万人，分别为200.6万人、194.7万人、118.7万人、101.2万人，分别占比7.0%、6.8%、4.1%和3.5%；交通运输类、轻工纺织食品类、环境科学与工程类、地矿类的毕业生人数都超过50万人，分别为96.2万人、92.6万人、61.8万人、60.3万人，分别

占比3.4%、3.2%、2.2%和2.1%（图7-2）。

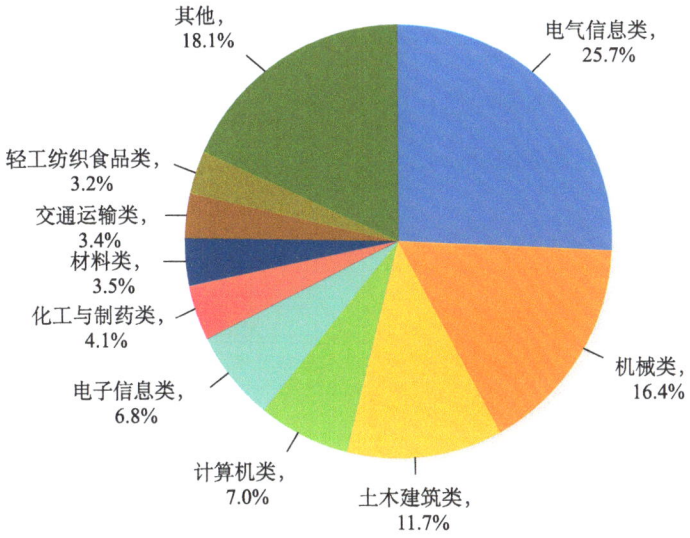

图7-2 1986～2021年工学各二级类本科毕业生人数占比

与1986～2019年的数据相比，1986～2021年电气信息类毕业生占工学二级类本科毕业生总数的比例下降了2.1个百分点，机械类和轻工纺织食品类的占比都下降了0.2个百分点；计算机类和电子与信息类的占比分别增加了1.6个百分点和0.6个百分点，自动化类的占比增加了0.2个百分点。工学二级类本科毕业生人数的变化在一定程度上反映出经济与产业的发展需求，如计算机类专业的招生和毕业生规模的持续增长与数字经济的蓬勃发展密切相关。

二、1986～2021年工学二级类本科毕业生阶段性分析

1986～2021年工学二级类本科毕业生人数年度统计如图7-3所示。工

学二级类本科毕业生规模在 1986～2000 年呈小幅度上升趋势，年度毕业生人数从 11.8 万人增长到 35.4 万人，增长了 2 倍，其变化曲线较为平稳；2001～2010 年是工学二级类本科毕业生数大幅度上升的 10 年，其年度毕业生人数从 34.9 万人增加到 212.0 万人，增长了 5 倍，规模急剧扩张；2011 年的毕业生人数减少到 88.4 万人，之后又回到小幅度上升的趋势，至 2021 年增长为 140.3 万人。

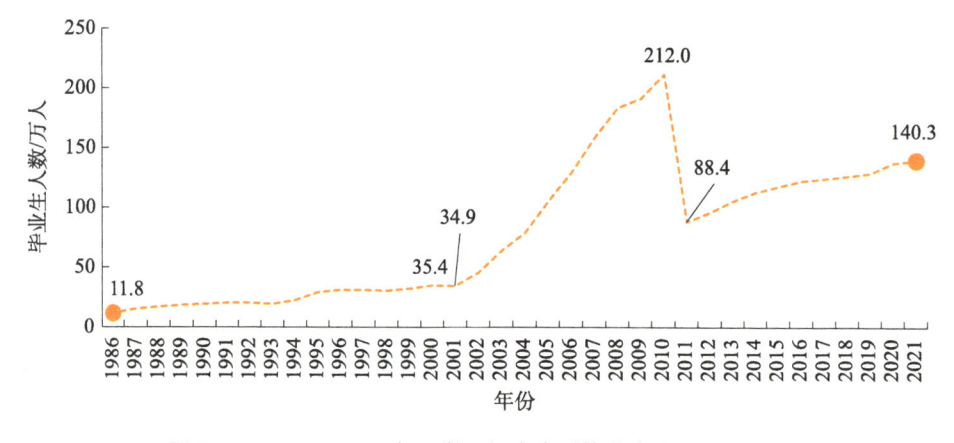

图 7-3　1986～2021 年工学二级类本科毕业生人数年度统计

工学人才总量的变化与经济发展和教育政策密切相关。21 世纪的前十年是我国经济高速发展期，国内生产总值（GDP）年度平均增长率为 10.5%，对工学人才的需求也大量增加，工学二级类本科毕业生数量迅速增长。此外，我国高校自 1999 年开始扩大招生规模，工科本科招生人数 1998 年为 28 万人，2000 年为 83 万人，增长了将近 2 倍，工学二级类本科毕业生人数也随之急剧增长。随着我国工程教育规模的不断扩大，如何实现从量的积累到质的飞跃，成为新时期工程教育发展的核心问题。为适应发展需要，教育部曾多次对工学专业进行调整，减少、合并或停办一些供大于求和教育质量不高的专业点，工学专业数量在 2011 年降至谷底，之后又有所回升，工学二级类本科毕业生人数也在 2011 年大幅下降，之后又逐渐回升。

工程教育的发展与国家经济社会的繁荣紧密相连。基于我国经济社会发展状况和工程教育改革的发展演进，同时结合我国工学二级类专业设置的调整，本小节将工学二级类本科毕业生的规模变化分为五个阶段进行分析。

第一个阶段，从 1986 年到 1993 年经济体制转型前期，工学拥有 15 个二级类本科专业，共有毕业生 144.0 万人。其中，毕业生人数排名第一的是机械类，共有毕业生 35.1 万人，占总人数的 24.38%；排名第二的是无线电技术及电子学类，共有毕业生 27.6 万人，占 19.17%；排名第三的是土木建筑类，共有毕业生 23.8 万人，占 16.53%；测绘、水文类毕业生人数最少，只有 1.2 万人（图 7-4 和图 7-5）。

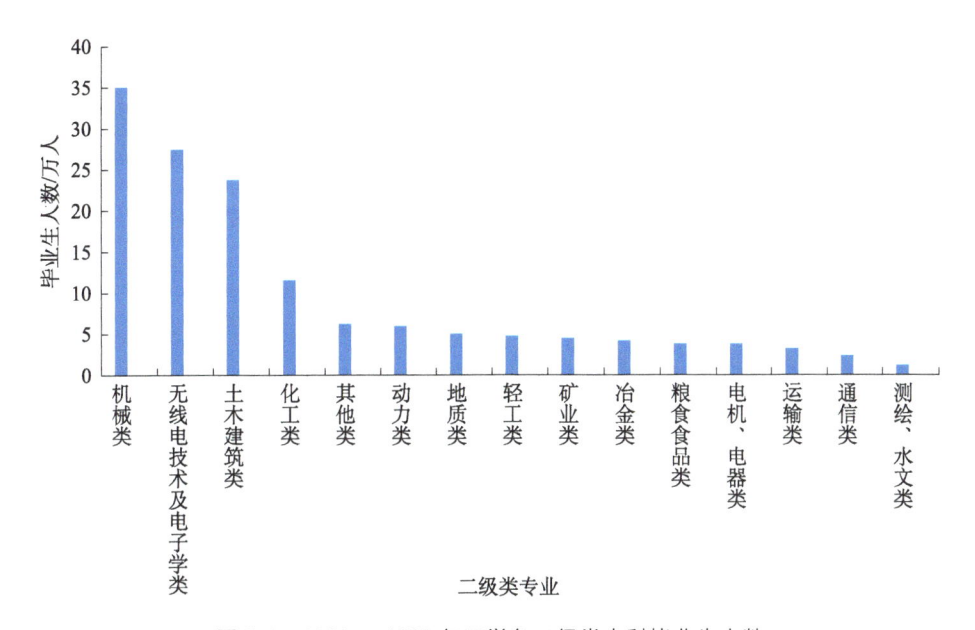

图 7-4　1986～1993 年工学各二级类本科毕业生人数

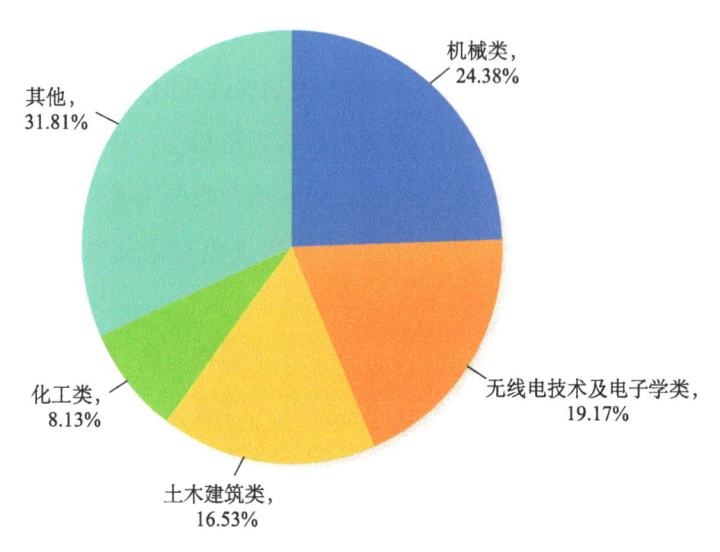

图 7-5　1986～1993 年工学各二级类本科毕业生人数占比

第二个阶段，从 1994 年到 2000 年全面建立市场经济体制时期，工学拥有 22 个二级类本科专业，共有毕业生 214.3 万人。其中，排名第一的是电子信息类，共有毕业生 47.9 万人，占总人数的 22.35%；排名第二的是机械类，共有毕业生 40.8 万人，占总人数的 19.04%；土建类和电工类的毕业生人数均超过了 20 万人，化工与制药类、管理工程类的毕业生人数均超过了 10 万人，兵器类毕业生人数最少，只有 1643 人（图 7-6 和图 7-7）。

第三个阶段，从 2001 年到 2012 年外延增长阶段，工学拥有 21 个二级类本科专业，共有毕业生 1392.5 万人。其中，排名第一的是电气信息类，共有毕业生 665.3 万人，占总人数的 47.78%；排名第二的是机械类，共有毕业生 225.4 万人，占总人数的 16.19%；排名第三的是土建类，共有毕业生 146.8 万人，占总人数的 10.54%；此外，毕业生超过 50 万人的专业还有交通运输类和轻工纺织食品类，化工与制药类、材料类、环境与安全类的毕业生人数均超过了 30 万人。海洋工程类毕业生人数最少，只有 2.15 万人（图 7-8 和图 7-9）。

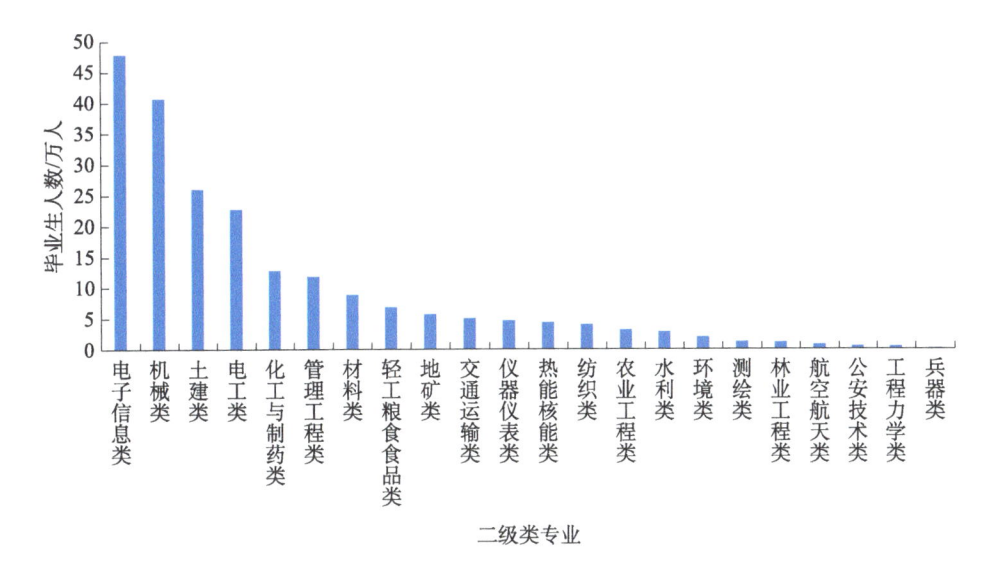

第七章 我国工学科技人力资源发展状况

图 7-6　1994～2000 年工学各二级类本科毕业生人数

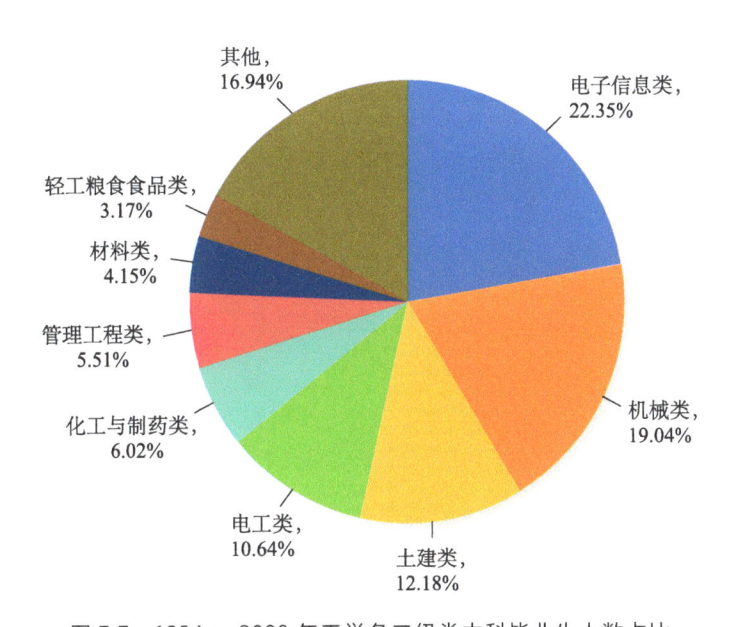

图 7-7　1994～2000 年工学各二级类本科毕业生人数占比

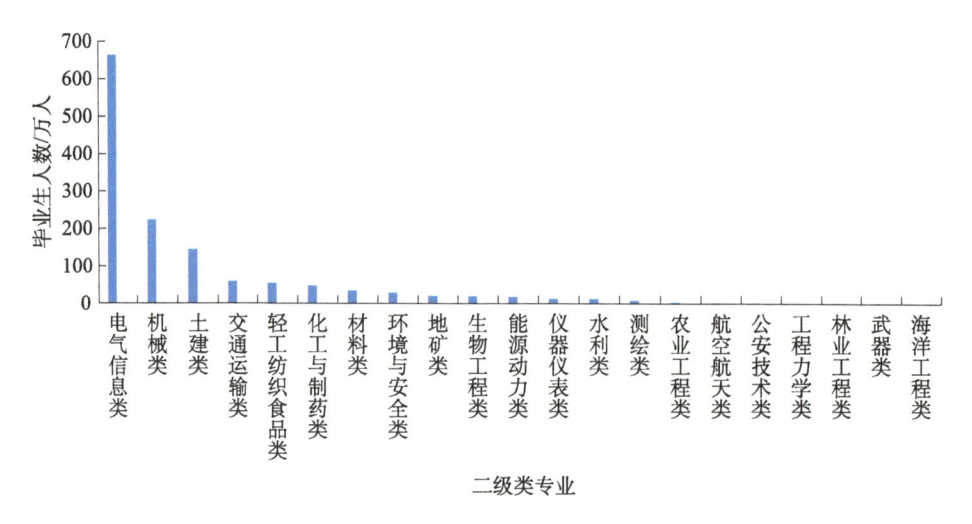

图 7-8　2001～2012 年工学各二级类本科毕业生人数

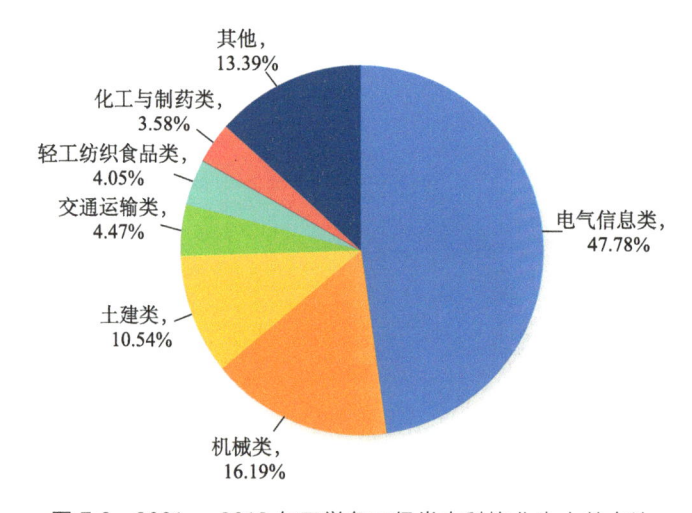

图 7-9　2001～2012 年工学各二级类本科毕业生人数占比

第四个阶段，从 2013 年到 2016 年内生增长阶段，工学拥有 31 个二级类本科专业，共有毕业生 459.8 万人。其中，排名第一的是机械类，共有毕业生 72.1 万人，占总人数的 15.68%；排名第二的是计算机类，共有毕业生 71.7 万人，占总人数的 15.59%；排名第三的是电子信息类，共有毕业生 63.5

万人，占总人数的 13.81%；毕业生超过 20 万人的专业还有土木类、电气类和材料类，其毕业生人数分别为 48.2 万人、30.1 万人和 23.3 万人。核工程类毕业生人数最少，只有 1.03 万人（图 7-10 和图 7-11）。

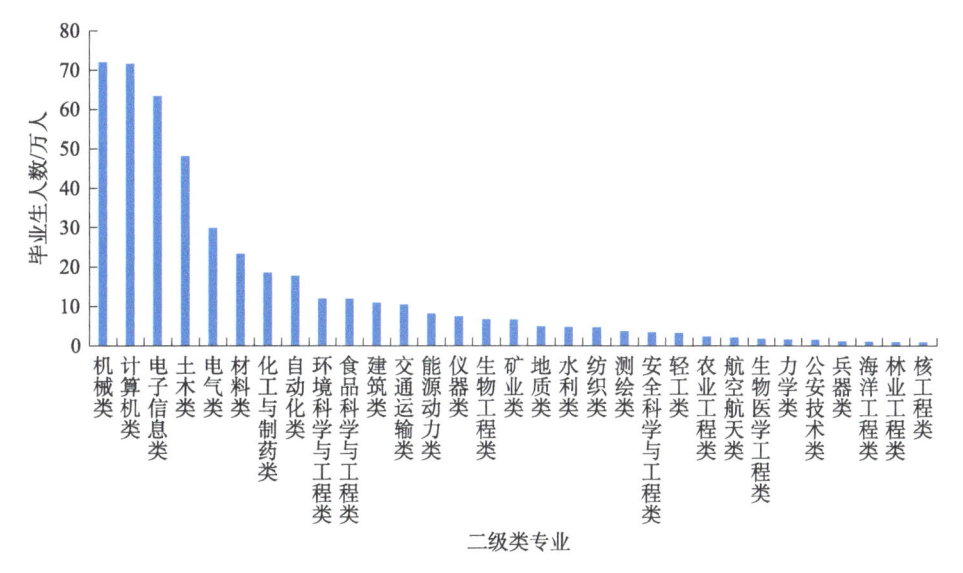

图 7-10　2013～2016 年工学各二级类本科毕业生人数

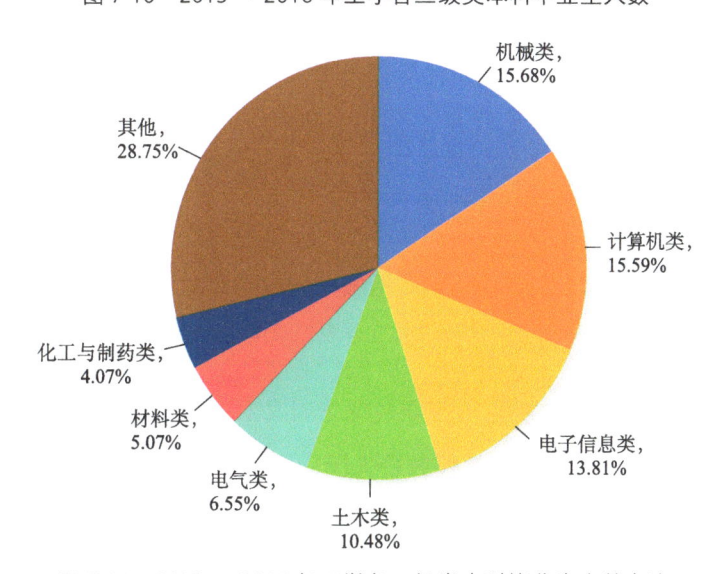

图 7-11　2013～2016 年工学各二级类本科毕业生人数占比

第五个阶段，从 2017 年到 2021 年创新发展阶段，工学拥有 30 个二级本科类专业，共有毕业生 659.7 万人。其中，排名第一的是计算机类，共有毕业生 128.8 万人，占总人数的 19.52%；排名第二的是机械类，共有毕业生 98.6 万人，占总人数的 14.95%；排名第三的是电子信息类，共有毕业生 83.4 万人，占总人数的 12.64%；排名第四的是土木类，共有毕业生 63.4 万人，占总人数的 9.61%；此外，电气类、材料类、化工与制药类、自动化类、食品科学与工程类、环境科学与工程类、建筑类、交通运输类的毕业生人数均超过 15 万人，分别为 43.7 万人、32.6 万人、25.6 万人、25.0 万人、19.7 万人、17.6 万人、17.1 万人和 15.1 万人。林业工程类的毕业生人数最少，只有 1.2 万人（图 7-12 和图 7-13）。

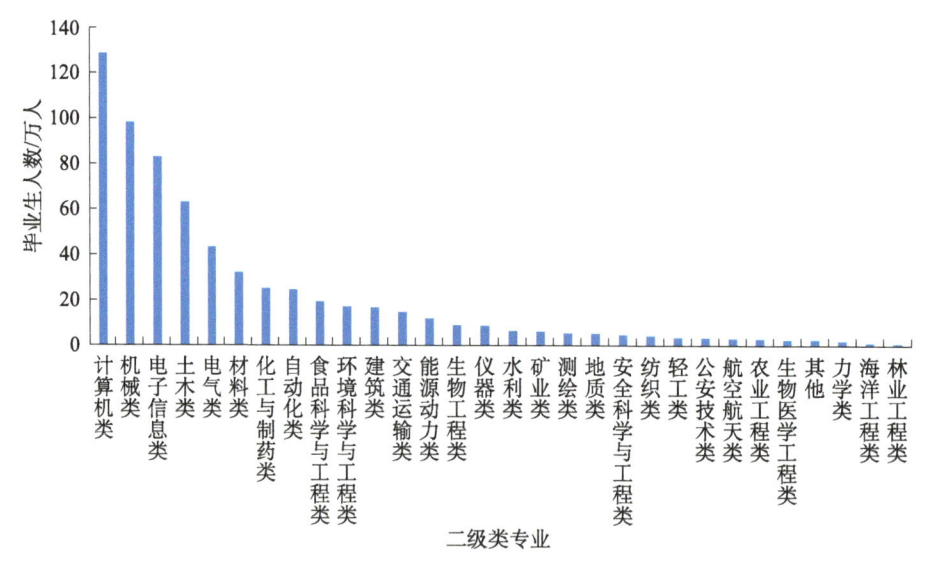

图 7-12　2017～2021 年工学各二级类本科毕业生人数

改革开放 40 余年，我国的工业教育与国家工业化进程和现代化建设一道实现了跨越式发展，逐步从工程教育大国向工程教育强国迈进。为综合 5 个阶段毕业生人数情况，电气信息类、机械类、土木建筑类、电子信息类、计算机类、化工与制药类、轻工纺织食品类、交通运输类、材料类和地矿类这

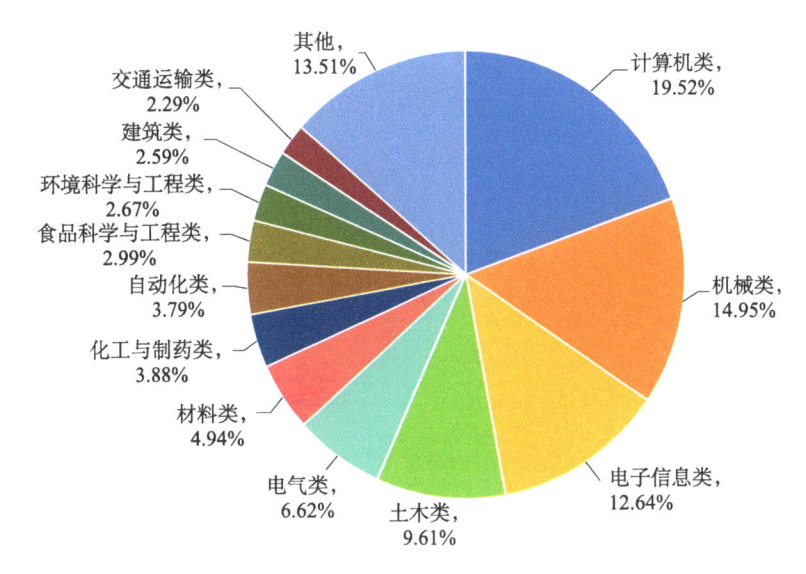

图 7-13　2017～2021 年工学各二级类本科毕业生人数占比

些专业大类的毕业生数量排名比较靠前,有效满足了各个发展阶段社会和行业对工程人才的需求。

三、按大类分析 1986～2021 年工学二级类本科毕业生规模

1986～2021 年,我国工学二级本科类设置历经了 6 次优化调整,其间曾新增、合并或取消了一些类目,专业数量最少时有 15 个,最多时有 31 个。下文将对历年各二级专业类本科毕业生规模进行大类分析。

1. 电气、电子、信息类

随着电子信息行业的飞速发展以及大数据、人工智能领域的持续繁荣,

_123

行业社会对电气、电子、信息类人才需求旺盛，促使高等工程教育加大了对相关人才的培养，相关专业毕业生的规模和占比逐年上涨。到 2021 年，电气、电子、信息类本科毕业生已经占工学二级类本科毕业生总人数的 41% 左右，最高曾接近 50%（表 7-1）。

表 7-1 1986～2021 年电气、电子、信息类本科毕业生人数和占比

年份	工学二级类专业	人数 / 万人	占毕业生总人数的比例 /%
1986～1993 年	无线电技术及电子学类	27.6	19.17
1994～2000 年	电子信息类	47.9	22.35
2001～2012 年	电气信息类	66.5	4.78
2013～2016 年	电气类、电子信息类、自动化类、计算机类	183.0	39.80
2017～2021 年	电气类、电子信息类、自动化类、计算机类	280.9	42.58

2. 机械类和土木建筑类

机械类和土木建筑类均从 1986 年存续至 2021 年。其中，土木建筑类是在 1986～1993 年使用的专业类名称，1994～2012 年更名为土建类，2013～2021 年更名为土木类。为便于分析，此处将三个类目下的数据统归到土木建筑类。

机械类和土木建筑类的累计本科毕业生人数都较多，分别为 472.0 万人和 336.3 万人，分别占工学二级类本科毕业生总数的 16.4% 和 11.7%，二者在 1986～2021 年的本科毕业生人数统计见图 7-14。

机械类和土木建筑类本科毕业生规模的变化趋势与工学二级类本科毕业

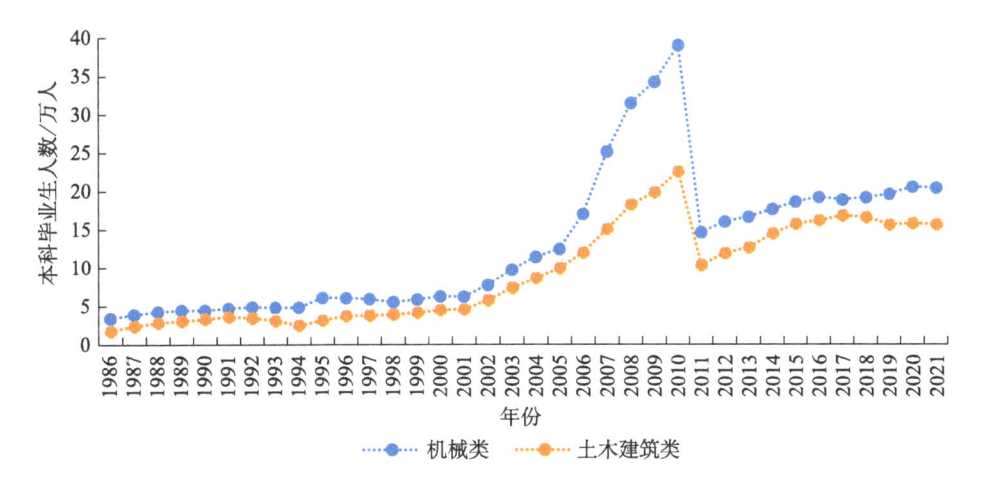

图 7-14　1986～2021 年机械类和土木建筑类本科毕业生人数

生规模相似。1986～2010 年，两类专业的本科毕业生人数都呈上升趋势，从 2006 年开始大幅增长，到 2010 年达到最大值，分别有 39.0 万人和 22.6 万人，当年也是工科二级类本科毕业生规模最大的一年。2011 年，两大专业类的本科毕业生数量均遭逢锐减，分别降低到 14.6 万人和 10.4 万人，之后又开始逐年稳步增长，并在 2016 年之后保持平稳。

3. 化工与制药类、轻工纺织食品类、交通运输类

化工与制药类、轻工纺织食品类、交通运输类同样于 1986～2021 年连续存在。化工与制药类在 1986～1993 年称为化工类，1994～2016 年更名为化工与制药类；轻工纺织食品类在 1986～1993 年分为粮食食品类、轻工类，1994～2000 年分为轻工粮食食品类、纺织类，2001～2012 年为轻工纺织食品类，2013～2021 年分为纺织类、轻工类、食品科学与工程类；交通运输类在 1986～1993 年称为运输类，在 1994～2021 年更名为交通运输类。

三大专业类的本科毕业生规模较为接近，1986～2021 年，化工与制药类

的本科毕业生人数为118.7万人，交通运输类的本科毕业生人数为96.2万人，轻工纺织食品类的本科毕业生人数为92.6万人，分别占工学二级类本科毕业生总数的4.1%、3.4%和3.2%。

1986～2021年，化工与制药类、轻工纺织食品类、交通运输类本科毕业生规模的变化趋势（图7-15）与工学二级类本科毕业生规模的变化趋势有相似之处，但也存在明显差异。化工与制药类本科毕业生人数经历了两次大幅下降，第一次是从2003年的1.9万人下降到2004年的0.2万人，第二次是从2010年的9.4万人下降到2011年的3.6万人，之后保持平稳增长。轻工纺织食品类的本科毕业生规模在1986～2010年呈上升趋势，在2010年达到最大值9.2万人后锐减到2011年的4.0万人，之后又呈现出逐年稳步上升的趋势。交通运输类本科毕业生人数在1986～2010年稳步增加，并从2004年开始大幅增长，到2010年达到峰值13.0万人，在2011年大幅下降至2.7万人，降幅79.2%，之后保持较为稳定的规模。

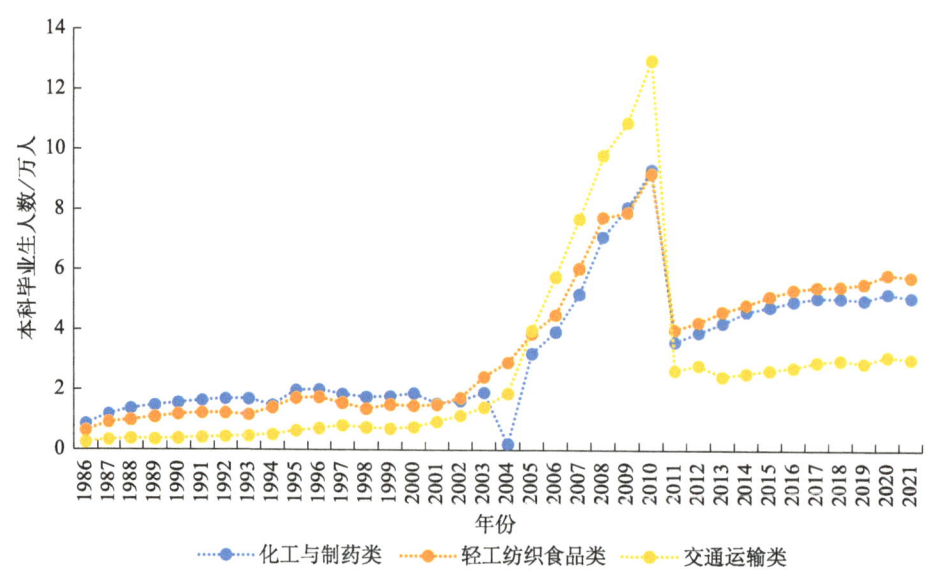

图7-15 1986～2021年化工与制药类、轻工纺织食品类、交通运输类三类本科毕业生人数

4. 测绘与水利类

测绘与水利类在 1986～2021 年连续存在，累计培养本科毕业生 49.6 万人。在 1986～1993 年统称测绘、水文类，本科毕业生人数从 993 人逐渐增长到 1746 人，其间共有本科毕业生 1.2 万人；在 1994～2021 年分为水利类和测绘类两类，其间共有本科毕业生 48.3 万人，其中水利类 28.3 万人，测绘类 20.0 万人，二者的本科毕业生人数均在 2010 年达到顶峰，分别为 1.9 万人和 1.5 万人，在 2011 年回落到 0.86 万人和 0.70 万人，之后分别增长并稳定在 1.3 万人和 1.0 万人左右（图 7-16）。

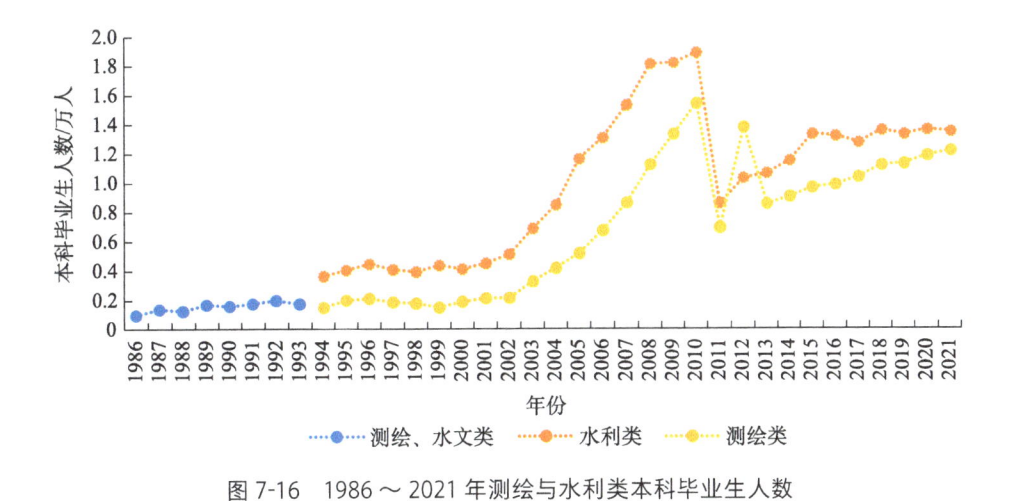

图 7-16　1986～2021 年测绘与水利类本科毕业生人数

5. 地矿类

地矿类在 1986～1993 年、2013～2021 年分为地质类和矿业类，在此期间本科毕业生人数分别为 9.7 万人和 23.6 万人，占工学二级类本科毕业生总人数的比例分别为 6.7% 和 2.1%；在 1994～2012 年称为地矿类，其中本科毕业生人数为 27.0 万人，占工学二级类本科毕业生总人数的 1.7%。

地矿类本科毕业生占当年工学二级类本科毕业生的比例总体呈下降趋势，2020 年和 2021 年该比例分别为 1.5% 和 1.4%。

6. 兵器武器类

兵器武器类从 1994 年开始设立存续到 2016 年，其本科毕业生人数始终保持在较低水平。1994～2000 年称为兵器类，本科毕业生总人数为 0.2 万人；2001～2012 年更名为武器类，本科毕业生总人数为 2.2 万人；2013～2016 年又改为兵器类，本科毕业生总人数为 1.3 万人。

7. 环境类、材料类

环境类和材料类都是从 1994 年起设立的。环境类在 1994～2000 年的本科毕业生规模为 2.1 万人，占工学二级类本科毕业生总数的 0.98%；2001～2012 年称为环境与安全类，本科毕业生规模为 30.1 万人，占工学二级类本科毕业生总数的 2.2%；2013～2021 年称为环境科学与工程类，本科毕业生规模为 29.6 万人，占工学二级类本科毕业生总数的 2.6%。环境类本科毕业生人数在 1994～2000 年保持平稳，在 2001～2010 年呈大幅上升趋势，到 2010 年达到最高值 3.8 万人，在 2011 年降至 2.4 万人，降幅 36.8%，之后又逐年回升，2021 年本科毕业生人数增长到 3.8 万人（图 7-17）。

材料类本科毕业生人数在 1994～2010 年保持稳步增长，到 2010 年达到峰值，2011 年有所减少，之后又持续上升，2021 年达到最大值 6.8 万人。材料学作为社会与经济发展的基础学科，一直随着时代的进步而持续发展，为

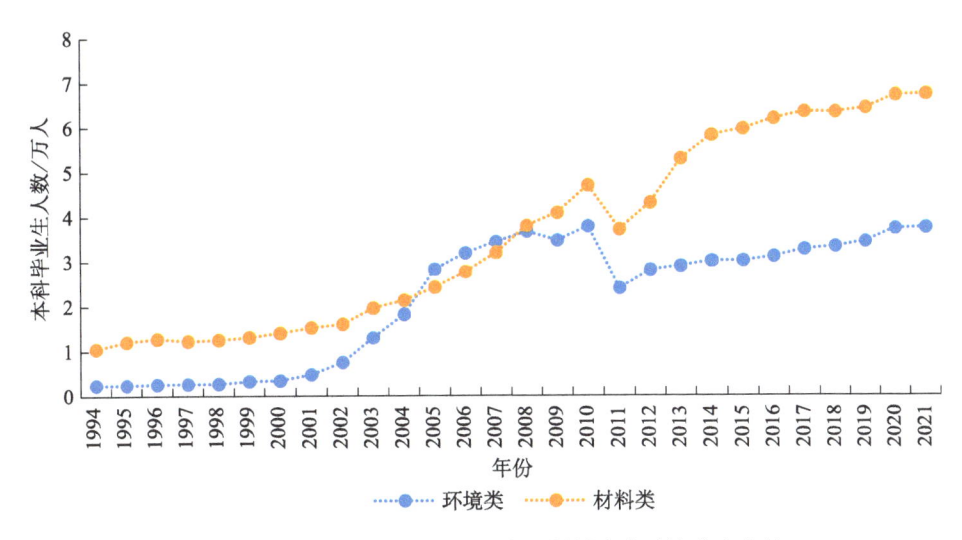

图 7-17　1994～2021 年环境类和材料类本科毕业生人数

相关专业毕业生提供了广阔的就业前景。

8. 能源动力类

能源动力类在 1986～1993 年称为动力类，本科毕业生人数为 6.0 万人；在 1994～2000 年称为热能核能类，本科毕业生人数为 4.4 万人；2001～2021 年统称为能源动力类，本科毕业生人数为 38.8 万人。总体来看，能源动力类本科毕业生人数的增长趋势较为明显，尤其是 2000～2010 年，从 0.7 万人增长到 2.1 万人，增长了 2 倍，之后稍有调整，在 2013～2021 年继续大幅增长，在 2020 年达到最高值 2.5 万人。能源与动力是人类生存和发展的重要保障，随着我国经济社会的快速发展，对能源动力类人才的需求量显著增加，能源动力类毕业生的供给随之不断增多（图 7-18）。

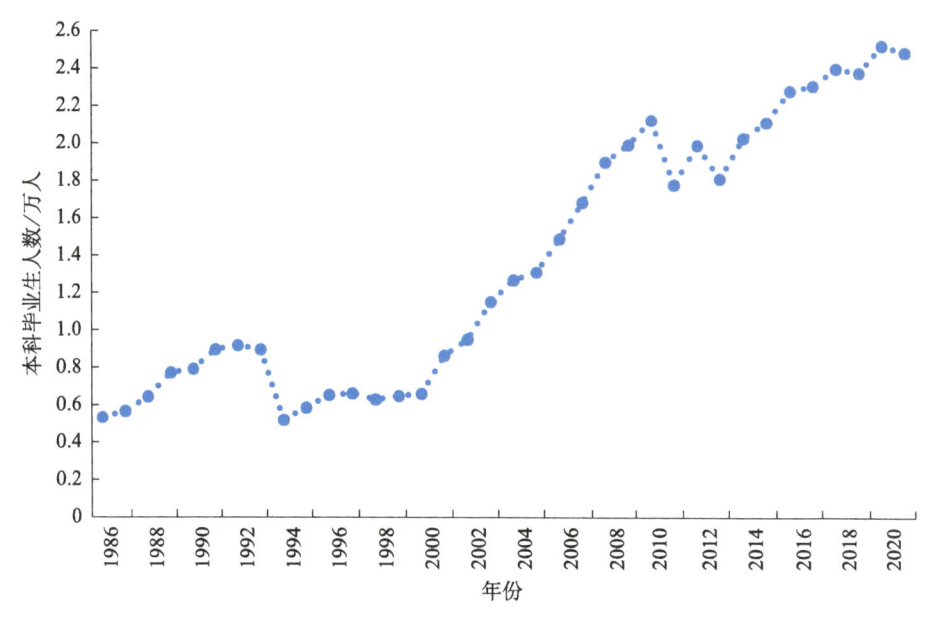

图 7-18　1986～2021 年能源动力类本科毕业生人数

9. 农业工程类、林业工程类、航空航天类、公安技术类、工程力学类

这五个二级类专业都设立于 1994 年，其中工程力学类在 1994～2012 年称为工程力学类，在 2013～2021 年称为力学类。五个专业类的历年本科毕业生人数发展趋势如图 7-19 所示。

农业工程类本科毕业生人数在 2001 年达到最低值 0.30 万人，到 2004 年增长至 0.56 万人，之后经历了一段 U 形发展趋势，到 2015 年增加至 0.66 万人，2016 年稍有回落之后又有所增长，到 2018 年达到最高值 0.70 万人，2021 年又降至 0.62 万人。随着乡村振兴战略和农业强国建设的持续推进，我国对农业工程类本科毕业生的需求将持续增长。

林业工程类本科毕业生人数的发展趋势较为平稳，2001 年是最低值 0.10 万人，2008 年之后一直维持在 0.20 万～0.30 万人，2014 年达到最高值 0.28 万人。

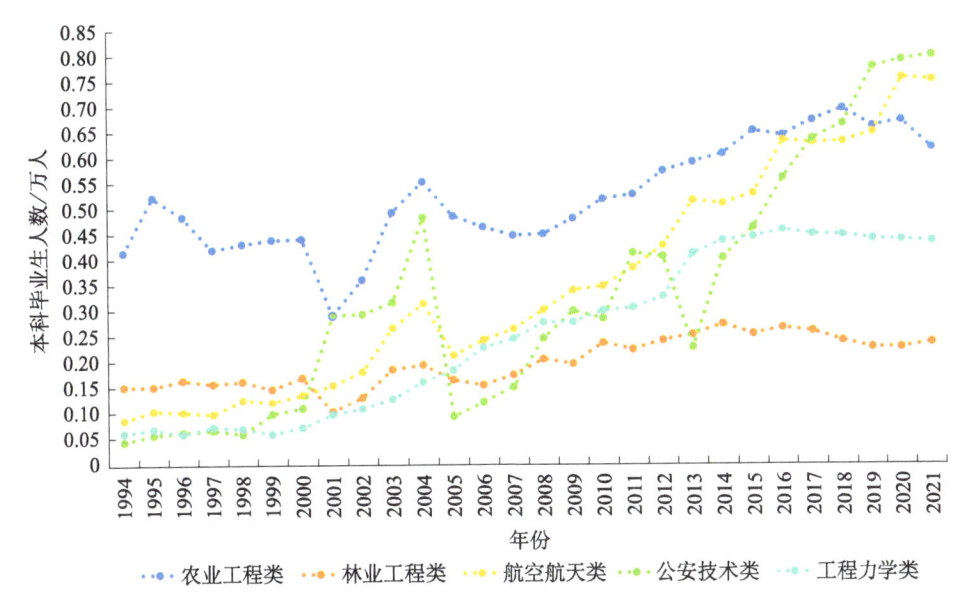

图 7-19　1994～2021 年农业工程类、林业工程类、航空航天类、公安技术类、
工程力学类五类本科毕业生人数

航空航天类本科毕业生人数呈上升趋势，在 1994 年初设时有毕业生 0.09 万人，在 2020 年达到最高值 0.76 万人，增长了 7 倍多，为我国航空航天事业的快速发展提供了重要支撑。国家高度重视航空航天类专业在国家科技及经济发展中的战略性地位。进入 21 世纪以来，我国在航空航天领域取得了举世瞩目的成就，为相关专业的发展提供了更大机遇。

公安技术类本科毕业生人数的变化呈波动式增长，整体增幅明显，从 1994 年的 0.05 万人到 2021 年的 0.80 万人，增长了 15 倍，实现了公安技术类专业人才的跨越式发展。

工程力学类本科毕业生人数规模保持平稳增长，1994 年为 0.06 万人，经过二十余年的持续增长，2016 年达到最高值 0.46 万人，至 2021 年共有本科毕业生 7.2 万人。

10. 生物工程类、海洋工程类

生物工程类和海洋工程类都设立于2001年，其各年的本科毕业生人数发展趋势如图7-20所示。生物工程类本科毕业生人数变化起伏较大，2008年达到最高值3.0万人，2011年降至1.6万人，2013～2019年较为稳定，本科毕业生规模保持在2.2万～2.5万人，2020年和2021年的本科毕业生人数增长至2.6万人。海洋工程类本科毕业生的总体规模较小，2012年达到最高值0.4万人，之后有所下降，每年的本科毕业生人数保持在0.3万人左右的规模。

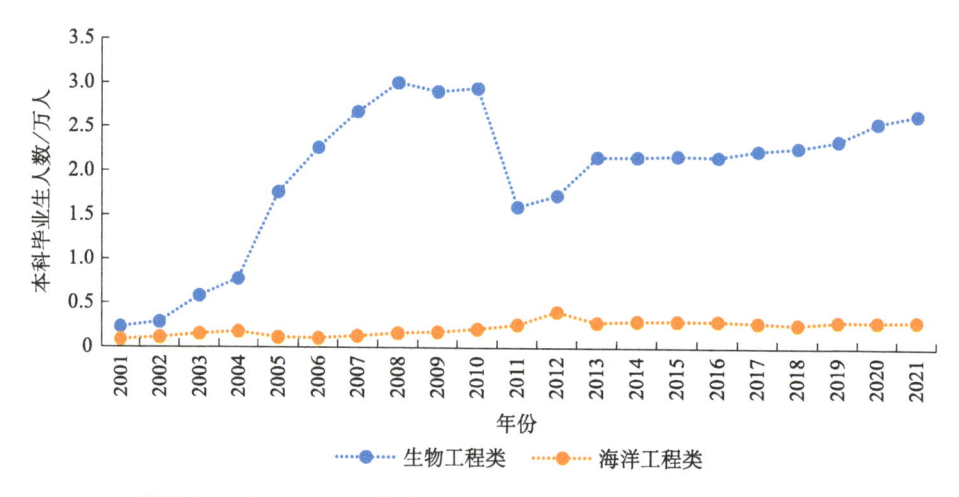

图7-20 2001～2021年生物工程类和海洋工程类本科毕业生人数

第三节 工学发展的新趋势

工学教育在我国高等教育体系中占据核心地位，为全面建设社会主义现

第七章
我国工学科技人力资源发展状况

代化国家奠定了坚实基础。90%以上的高等院校开设了工学专业，我国科技人力资源培养总量一半以上来自工学领域。近年来，面对国家经济社会发展的新挑战，以及科技进步、知识创新对高校人才培养的新要求，我国不断调整优化工程教育结构，创新工程教育模式，推动工程教育高质量发展。

一、聚焦工程教育结构优化调整

深化工程教育结构性改革，不仅是推动发展新质生产力的必由之路，也是应对我国高等工程教育供求结构性失衡的有效良策。

一是调整和优化专业结构，扎实推进新工科建设，充分挖掘并释放传统工科潜力。一方面，聚焦做好"增量"，积极增设新兴工科专业，着力培养适应和引领新一代信息技术、高端装备制造、新材料、节能环保、数字创意等战略性新兴产业的高素质创新人才。例如西安交通大学紧贴国家需求，推动校内动力工程及工程热物理、电气工程、材料科学与工程、电子科学与技术、物理学、化学等学科交叉融合，联合企业创办储能科学与工程专业，精准培养具备高素质、创新精神和宏观战略思维的储能领域领军人才和管理人才，以提升我国产业关键核心技术攻关和自主创新能力。另一方面，着力盘活"存量"资产，结合新征程新要求，持续挖掘传统工科专业的新优势，将互联网、大数据、人工智能等新一代信息技术融入传统工科专业建设中，开发新理论、新算法、研发新设备，推动传统工科专业实现信息化和智能化升级。与此同时，提高空天海洋、信息网络、生物技术、核技术等关键领域的人才培养能力，扩大海洋工程类、航空航天类、生物医学工程类、生物工程类等工科专业类的招生规模，加快补齐人才缺口。

二是调整优化工程教育层次结构。根据科技强国建设要求，既要扩大专科层次工程教育招生规模，培养更多在生产、管理和服务一线发挥关键作用的高级技能型人才，又要适度提高研究生培养所占比例，优化工科研究生培养结构，重点扩大工科专业学位研究生的招生规模，培养大批高技能人才。

三是推进高等工程教育的区域协调发展，优化工程类高校空间布局，努力将优质工程教育资源向中西部地区倾斜，形成东中西部相互联动、共同发展的高等工程教育新格局。

二、深入推进新工科教育模式改革创新

工程科技是国家、民族、时代的"硬核科技"，是推动提升国家创新体系整体效能的重要力量。工程教育的核心目标是培养卓越工程师和技艺精湛的大国工匠，面对工程教育在师资、平台、体系等方面面临的巨大挑战，我国持续推进新工科建设和工程教育改革创新，为新时代中国工程教育改革发展探索新路。

一是持续推进新工科研究与建设。面对百年未有之大变局，我国于2016年提出"新工科"的概念，于2017年启动"新工科"建设，相继推动形成"复旦共识""天大行动""北京指南"，构成了新工科建设的"三部曲"，明确了新工科的概念、路线图和建设指南，为工程教育改革开辟了新的路径。教育部先后分两批积极开展新工科研究与实践项目，其中首批612个项目、第二批845个项目。在后续实践中，涌现出天津大学"天大方案"、电子科技大学"成电方案"、华南理工大学"F计划"、哈尔滨工业大学"Π型方案"、北

京大学"新工科建设规划"和南方科技大学"SDIM[①] 新工科教育改革"等标志性改革成果。

二是教育部积极出台工程教育改革政策推动工程教育人才培养模式改革。2018年《教育部关于加快建设高水平本科教育全面提高人才培养能力的意见》提出，实施"六卓越一拔尖"计划2.0，其中"卓越工程师教育培养计划2.0"是直接针对工程教育领域改革的重要举措。2020年5月，《未来技术学院建设指南（试行）》指出，要探索未来科技创新领军人才培养新模式。同年8月，教育部办公厅、工业和信息化部办公厅发布《现代产业学院建设指南（试行）》，提出要培养适应和引领现代产业发展的高素质应用型、复合型、创新型人才。2022年9月，教育部办公厅与国务院国有资产监督管理委员会办公厅联合发布《教育部办公厅 国务院国资委办公厅关于支持部分高校和中央企业试点共建国家卓越工程师学院的通知》，提出培养具备宽广理论知识、系统深入专门知识和复杂工程问题解决能力的高层次工程人才。

三是积极借鉴国际工程教育先进模式。强化跨学科发展和实践能力培养。新工科建设的关键是打破学科的壁垒，加强学生的跨学科和综合实践能力培养，提升学生的学科创新和应用能力，使学生学会解决工业中的实际问题。各地各校在实践探索中借鉴国际工程教育典型模式，将面向未来的学科前沿、行业需求与学生个性发展相结合，注重实践教学、创新创业和国际化视野的培养，培养能够适应未来社会和经济发展需求的全面发展的高素质创新人才。

国际工程教育模式的典型代表有STEAM［科学（science）、技术

---

① SDIM 即 system design and intelligent manufacturing（系统设计与智能制造）。

（technology）、工程（engineering）、艺术（art）和数学（mathematics）]教育，麻省理工学院的"新工程教育转型"（New Engineering Education Transformation，NEET）计划及美国欧林工学院模式等。STEAM 教育注重培养学生的逻辑思维、问题解决、创新、合作、激励等能力，以多元主体共同参与、跨学科整合、项目驱动、问题导向、真实情境下的探究教育为主要特色。NEET 计划瞄准新技术、新产业、新业态、新需求，引导工程教育从关注工程科技本身转向关注工程和经济社会发展融合，注重学生的 11 种内在思维能力的培养，包括制造思维、发现思维、人际技能、个人技能和态度、创造性思维、系统思维、批判性和元认知思维、分析思维、计算思维、实验思维、人文思维等。美国欧林工学院为培养卓越工程师提出了独特的课程理念，并将跨学科教学设计和"基于项目"的教学贯通全学程，尤其注重培养学生的创新设计能力和团队合作能力。

四是探索实践本土化的工程教育创新发展模式。我国高校在实践中围绕新工科具有的创新性、前瞻性、交叉性、多样性和引领性等特征，不断探索工程教育改革创新路径。在新工科人才培养平台建设方面，以未来技术学院、现代产业学院、校企合作创新实验平台为依托，通过创办前沿性、颠覆性的未来学科专业，推动现有专业的交叉融合，实现传统专业的内涵升级。①未来技术学院，面向未来前沿性、革命性、颠覆性的工程技术新方向、新专业、新学科，实现未来技术创新突破和拔尖人才培养，建立政产学研一体化的人才培养和科技成果转化特区。②现代产业学院，加强校企深度融合，探索校企联合科研攻关与协同人才培养的体制机制，通过校企合作精英班、共建实训（验）平台、项目驱动等方式，构建以科技创新和实际应用为导向的复合型高层次创新人才培养体系，促进科技创新与成果孵化，服务国家社会经济发展。③校企合作创新实验室平台，采取校企合作方式，设计并创建创新实验教学平台，推进项目驱动的综合性、开放性、创新性实验教育。在深化新工科专业内涵建设方面，通过创办新专业、促进学科交叉融合和升级现有专业内涵等措施，推动引领未来产业发展。例如，为了推动机械工程专业的转型升级，面向未来技术和产业发展需求，高校提出了"四新"人才培养模式：新目标，即适应智能制造，具备规划、设计、评估和决策等跨界能力，培养学生的"大工程观"；新结构，即重构课程体系和教学内容，新建3～5门"智能制造"新课程；新模式，即基于学习产出的教育（outcomes-based education，OBE）模式强化能力要素培养，构建"五节点"工程教育过程链；新质量，即通过工程教育专业认证，构建国际实质等效的人才培养标准和质保机制[1]。

第四节 小 结

在中国高等教育体系中，工学教育的地位举足轻重。工学科技人力资源对于深入实施科教兴国战略、人才强国战略、创新驱动发展战略，加快实现高水平科技自立自强具有重大意义。本章从新增规模、存量规模、工学发展新趋势等方面，对工学科技人力资源和工科教育发展状况进行描述分析，为新形势下的政策制定提供参考。

---

[1] 郑庆华. 新工科建设内涵解析及实践探索[J]. 高等工程教育研究，2020（2）：25-30.

一、2020～2021 年计算机类、机械类、电子信息类科技人力资源增量最多

2020～2021 年，我国本科层次新增工学二级类本科毕业生 278.5 万人，其中计算机类、机械类、电子信息类 3 个二级类专业的毕业生人数最多，分别为 60.7 万人、41 万人和 34.8 万人，分别占 2020～2021 年工学二级类本科毕业生总数的 21.80%、14.72% 和 12.50%。此外，土木类、电气类、材料类、自动化类、化工与制药类 5 个二级类专业在 2020～2021 年的毕业生人数都超过 10 万人，分别为 31.5 万人、18.3 万人、13.5 万人、10.6 万人和 10.4 万人，分别占 11.31%、6.57%、4.85%、3.81% 和 3.73%。

二、1986～2021 年电气信息类、机械类、土木建筑类科技人力资源存量领先

1986～2021 年，我国共培养工学二级类本科毕业生 2870.3 万人，其中电气信息类、机械类、土木建筑类 3 个二级类专业的毕业生人数最多，分别为 739.1 万人、472.0 万人、336.3 万人，分别占工学二级类本科毕业生总数的 25.7%、16.4% 和 11.7%。此外，计算机类、电子信息类、化工与制药类、材料类 4 个二级类专业的毕业生人数都超过 100 万人，分别为 200.6 万人、194.7 万人、118.7 万人、101.2 万人，分别占比 7.0%、6.8%、4.1% 和 3.5%；交通运输类、轻工纺织食品类、环境科学与工程类、地矿类的毕业生人数都超过 50 万人，分别为 96.2 万人、92.6 万人、61.8 万人、60.3 万人，分别占比 3.4%、3.2%、2.2% 和 2.1%。

三、新工科教育模式改革创新深入推进

新工科建设是为应对新经济挑战，从服务国家战略、满足产业需求、面向未来发展高度出发提出的一项持续深化工程教育改革的重大行动计划。

一方面，聚焦工程教育结构优化与调整，包括调整优化工程教育的专业结构、教育层次结构，推进工程教育区域间协调发展等。聚焦做好"增量"的拓展，着力盘活"存量"资产，在积极增设新兴工科专业的同时，持续挖掘传统工科专业的新优势。扩大工程教育招生和培养规模，着力构建东中西部相互联动、共同发展的高等工程教育新局面。持续改进专业建设将成为常态，探索形成中国特色、世界水平的工程教育体系和工程师培养体系，是工程教育改革的关键。

另一方面，各地深入推进新工科教育模式改革创新，包括加大新工科研究与建设项目投入，总结标志性改革成果。目前共有两批次1457个学校（项目）被认定为新工科研究与实践项目。出台工程教育改革政策，推进工程硕博士培养改革试点，推动"卓越工程师教育培养计划"、未来技术学院建设、产教融合发展等。在借鉴国际STEM教育、新工程教育等先进模式的基础上，积极探索本土化的工程教育发展模式，形成了如"四新"人才培养、产学研一体化人才培养和科技成果转化特区等优秀案例。

近年来，各地各校以"新的工科专业"和"工科的新要求"为着力点，以人才培养平台建设为重点，深化专业内涵建设，不断创新人才培养模式。高等院校将新工科理念落实到具体教学要素中，探索建设未来技术学院、现代产业学院、校企合作创新实验平台等，统筹推进新的工科专业建设发展和传统工科专业改造升级，构建完善复合型高层次创新人才培养体系。

第八章
总结与展望

党的十八大以来，党中央做出人才是实现民族振兴、赢得国际竞争主动的战略资源的重大判断。科技人力资源从资源的角度定义人才的概念，充分体现了"人才是第一资源"的重要理念。新时代新征程，充分开发和有效利用科技人力资源，对于加快形成新质生产力、实现高水平科技自立自强、服务高质量发展具有重要意义。

近年来，我国科技人力资源质量不断提升，结构持续优化，竞争力快速增长，为全面推进中国式现代化强国建设提供了有力的人才资源保障。

截至2022年，我国科技人力资源总量达12 466.0万人，继续保持着位居世界前列的科技人力资源规模优势。

截至2021年，我国核心学科（理学、工学、农学、医学）培养的科技人力资源占81.53%，其中工学占比达57.42%。总体来看，我国本科层次以上的理工农医科技人力资源培养数量和比例均居世界前列，其中工学培养占比居世界第一。

我国科技人力资源的学历结构重心不断提高。截至2021年底，我国拥有符合"资格"条件的科技人力资源11 076.4万人。其中，专科层次5779.9万人，占52.18%；本科层次4472.0万人，占40.38%；硕士研究生层次722.4万人，占6.52%；博士研究生层次102.1万人，占0.92%，学历结构依然呈金字塔形分布。但本科层次科技人力资源新增数量及增速均超过专科层次，研究生层次稳定增长，呈现出整体学历结构重心不断提高的趋势。未来，我国本科层次科技人力资源的比例将进一步提升，并逐步成为科技人力资源的主体。

我国科技人力资源以中青年为主，40岁以下的人群占总量的71.09%。这得益于我国高等教育的快速发展。可以预见，未来一段时间内，我国科技人力资源的年龄结构将继续保持以中青年为主的态势，具备较大的后发潜力

第八章
总结与展望

和较强的发展动力。

截至 2021 年，我国女性科技人力资源总数约为 4495.88 万人，占科技人力资源总量的 40.59%。相较于 2019 年，我国女性科技人力资源的比例上升了 0.49 个百分点。在新增科技人力资源中，学历层次越高，女性比重越大，尤其是研究生层次新增女性科技人力资源的比例已经超过 50%。

我国各省份（不包括港澳台地区数据）培养的科技人力资源的学历结构差异较大。2005～2021 年，有 11 个省份培养的研究生层次科技人力资源占比超过 10%，有 4 个省份培养的本科生层次科技人力资源占比超过 50%，有 3 个省份培养的专科科技人力资源占比超过 50%。

工学科技人力资源对于整合科技创新资源、引领发展战略性新兴产业和未来产业、加快形成新质生产力具有重大意义。1986～2021 年，我国共培养工学二级类本科毕业生 2870.3 万人，其中电气信息类、机械类、土木建筑类 3 个二级类专业培养的本科毕业生人数最多。

当前，我国进入全面建设社会主义现代化国家、向第二个百年奋斗目标进军的新征程，我们比历史上任何时期都更加接近实现中华民族伟大复兴的宏伟目标，也比历史上任何时期都更加渴求人才。在新一轮科技革命和产业变革来临之际，我们有理由相信，我国科技人力资源红利必将能够得到更好的开发和释放，为加快建设世界重要人才中心和创新高地，以中国式现代化全面推进强国建设、民族复兴伟业提供人才支撑。